U0837586

慰藉心灵 柔软人生

体会自谦的温暖

主编 拾　月
编著 陈志华

图书在版编目(CIP)数据

慰藉心灵，柔软人生：体会自谦的温暖 / 陈志华编著. -- 北京：现代出版社, 2014.7

ISBN 978-7-5143-2788-5

Ⅰ. ①慰… Ⅱ. ①陈… Ⅲ. ①个人 – 修养 – 青少年读物 Ⅳ. ①B825-49

中国版本图书馆 CIP 数据核字(2014)第 163069 号

慰藉心灵，柔软人生：体会自谦的温暖

主　　编 拾　月
编　　著 陈志华
责任编辑 王敬一
内文制作 诚美天下文化传播有限公司
出版发行 现代出版社
地　　址 北京市安定门外安华里 504 号
邮　　编 100011
电　　话 (010)64267325
传　　真 (010)64245264
邮　　箱 xiandai@cnpitc.com.cn
网　　址 www.1980xd.com
印　　刷 三河市华晨印务有限公司
开　　本 700mmx1000mm 1/16
印　　张 9
版　　次 2014 年 8 月第 1 版第 1 次印刷　2021 年 4 月第 3 次印刷
书　　号 ISBN 978-7-5143-2788-5
定　　价 29.80 元

前言

青少年是社会最宝贵的财富，是人类的希望和未来，正所谓“少年强则国强”。为此，大至一个国家、一个民族，小至一个家庭、一个家族，都特别重视青少年的教育问题。希望他们成为社会的中坚，家族的骄傲。一句话，就是希望他们成为成功的人。于国，能成为有用的人才；于家，能成为顶梁柱。不仅仅要学习好，还要有辨别人世间的善、恶、美、丑的能力。在每个人的人生中，除了需要自身的因素之外，还需要拥有感受世界的能力。

自立、自强，是绝不服输的勇往直前，是毫不妥协命运的坚决。

自尊、自爱，是顶天立地的脊梁，是不容侵犯的尊严。

自警、自谦，是内心深处的自省，是人生旅途中的字字箴言。

自乐、自勉，是快乐的源泉，是前行的无穷动力。

自信、自知，是对自我最准确的定位，是对自我感知最真实的反馈。

青春，是人最美好的一段时光，也是人格、性格定型的重要阶段，在这个时期，我们需要享受青春的快乐，同时也需要完成自我塑造。通过心理自助，最终从一个小男生、小女生逐渐成长为一个有着健全人格的人，成长为一个对社会、对家庭、对自我有着相对完整认知的人，成长为能够为自己的未来做主的人。这才是一个最充实、最有价值的青春。每个梦想都值得我们认真对待，每个青少年都是未来的希望。在青春中我们不仅要有欢乐，同时也要拥有未来！

本丛书是你化解烦恼的“心灵鸡汤”，可以给你快乐的心理自助；本丛书会让你认识到：掌控心理，方能掌控世界；改变自己，才能改变一切。本丛书还将告诉你：只有实现积极的心理自助，才能收获快乐而充实的青春。

目录

第一篇 放下姿态，云端不是灵魂的最终归处

第二篇 谨言慎行，真正的智慧如淡墨幽香

第三篇 进退有度，稳住了才能静看日落烟霞

目录

第四篇 重视学问，默默地在心中修篱种菊

第五篇 坚定美德，用最谦逊的方式理解生活

第一篇

放下姿态，云端不是灵魂的最终归处

云端固然美丽、深邃，却不会是灵魂的最终归宿。我们可以有远大的梦想，但是也必须考虑到现实的因素。盲目的自高自大反而会迷失自我，害了自己。而谦虚却是一种生活的智慧，脚踏实地的学习和生活就会让自己日渐强大。

一株草难以承载大树的重量

故事话题

有一天乌鸦在树上歇息，看着蓝天白云，绿油油的青草，心里面特别惬意，高兴地唱起歌来。

突然，一只老鹰从高空中俯冲下来，将一只小羊抓走了，一只乌鸦看见了，非常地羡慕，心想：要是我也有老鹰这样的本领该多好啊！于是乌鸦开始模仿老鹰的俯冲姿势，而且每天都会拼命地练习。

一天，乌鸦觉得自己练得很棒了，便想学老鹰俯冲下去，抓一只小羊。于是它也和老鹰一样，飞向天空，朝着羊群的方向俯冲下来，结果刚一起飞便扑到了一只山羊的背上，想抓住山羊往上飞，可是它的身子太轻，而小羊的身子太重，根本就不能抓着山羊一起飞向天空。这时牧羊人过来了，于是乌鸦想放弃山羊，自己抓紧时间逃跑，可是爪子又被羊毛缠住了。无论他继续怎样努力地拍打翅膀，却怎么也飞不起来。

牧羊人把乌鸦抓住了，牧羊人的孩子看见，便问这是一只什么鸟，牧羊人叹了一口气说："这是一只忘记自己叫什么的鸟。"

故事解析

世界上就有很多"忘记自己叫什么的鸟"的人：本质是一块不错的木头，可以做成非常精美、高档的家具，但是偏偏忘了自己是谁，要学钢铁一样铸成电器，于是把自己丢到到炼钢炉里，其结果也就可想而知了。

一棵草难以承载一颗大树的重量，可是大树也没有小草的坚强，一棵草的生命也许卑微，暴风暴雨来临时，甚至不得不匍匐在大地上，忍受人类的脚步和车轮的无情碾压。甚至一把火便可以把它烧光，一阵秋风便可以使它凋零。可是你仔细看，待到来年春天，它又能顽强地冒出地面，把一丛坚强的生命的绿色呈现在大家面前。

我们要知道自己是"一只叫什么的鸟"。其实每个人都有自己独特的优势，如果你是树，那么就承载重量；如果你是草，那么就浴火重生，一定不要盲目承受自己所承载不了的重量。

故事穿越

在山里面有户人家，他们每天吃水要到山那边的一条小河里挑回来，可是男主人每天都只挑一小半担水。

一天，一个路过的小伙子问他为什么不挑满呢？去那么远的路，却挑那么少的水，是不是太不划算了？

男主人没说什么，只是让那个路过的小伙子自己拿了一根扁担来试试。

小伙子毫不犹豫地打满了两桶水，挑在肩上，满怀信心地上路了。

一开始他还觉得特别轻松，可是走到了差不多三分之二路途的时候，他就气喘吁吁了，脚步也越来越不稳了，桶里的水不断地洒出来。小路崎岖不堪，眼看就要到主人的家里了，他一不留神，摔了一跤。桶里的水全都洒了不说，连他的膝盖也摔伤了。

主人这时候说话了：“小伙子，下次你也不会挑满了吧？”

故事微语

我们要根据自己的能力做事情，如果盲目地自高自大，就和“一直不知道自己叫什么的鸟”一样。我们在通往人生的路上，不能指望自己一口吃成个胖子，也不要给自己不能承受的重量，否则只能让自己事倍功半。

只有认清楚自己的能力，脚踏实地，不好高骛远，不盲目追逐不可能实现的目标，而且抱着自谦的态度在人生道路上，才不至于既压垮了自己，又取得不了什么成绩。盲目地给自己过大的压力，只会让自己疲惫不堪，还取得不了什么成绩。

心灵箴言

谦逊可以使一个战士更美丽。

——[苏联] 奥斯特洛夫斯基

劳谦虚己，则附之者众；骄慢倨傲，则去之者多。

——葛洪

一种美德的幼芽、蓓蕾，这是最宝贵的美德，是一切道德之母，这就是谦逊。有了这种美德我们会其乐无穷。

——[西班牙] 加尔多斯

一味仰头看到的世界并不完整

故事话题

一天，天气晴朗、万里无云。森林里的花都开了。

蝴蝶在花丛中翩翩起舞，勤劳的小蜜蜂闻着花香飞来了，在花丛中采蜜，森林里一片美丽温馨的景象，好看极了！

在森林的深处，正在举行隆重的摔跤比赛。参赛的动物可多了，它们来自各个森林，听说要举行摔跤比赛，都赶过来了。

这时，主持者大声地宣布："参赛的动物们请注意，比赛马上要开始。第一场比赛是狐狸 VS 獾，请动物上场。"这时，欢快激昂的音乐放了起来。骄傲的狐狸根本就不把弱小的獾放在眼里，狐狸先使出狐家奇法——鲤鱼打挺，弱小的獾防不胜防，马上就被打倒了。骄傲的狐狸哈哈大笑起来，用蔑视的口气对獾说："就凭你，还想和我比赛！哈哈……"

这时，主持人又宣布："第二场比赛开始准备，狐狸 VS 大象。"

刚一上场，狐狸就傲慢地对大象说："笨大象，你怎么可能战胜我，哈……"大象被激怒了。狐狸又使出了"鲤鱼打挺"，结果，它没想到大象的皮比自己想象得厚多了，任凭自己使出了九成功力，大象就是没感觉疼，狐狸反被累得气喘吁吁。大象这时候用长鼻子轻轻一卷，狐狸便被抛上了高空，然后重重地摔在了地上，再也爬不起来了……

最后，大象打败了所有向它挑战的动物，这时，大象也十分傲慢地看着大家，用不可一世的口气大声问："你们谁还敢向我挑战？没有，我就是冠军了！"

满场没有动物说话，大象更骄傲了，又大声地问了一遍："你们谁还敢向我挑战？"

这时，一只瘦弱的小蚂蚁说："我敢！"

于是，小蚂蚁慢慢地爬上了战台。大家都替小蚂蚁担心，怕大象一不小心踩死了小蚂蚁。

比赛开始了，只见小蚂蚁迅速地爬到了大象腿上，又迅速爬到了大象鼻子里，用自己的触角在大象的鼻子里这碰碰、那摸摸，大象痒得受不了，痒得满地打滚儿，最后大象实在受不了，只好认输。

主持者大声宣布：“本次参赛获胜的冠军是小蚂蚁！”

故事解析

骄傲的人看到的世界是不完整的，他们总是看到自己的优点，却很少可以发现自己的缺点。有些人虽然击败过比自己强大的人，但是也会被比自己弱小的人击败。

俗话说：强中自有强中手，能人后面有能人。我们可以战胜强者，却也有可能被弱者打败。不谦虚的人在取得一点儿小成绩后就会自满自大，在之后在遇到其他困难或者对手的时候，却可能会一败涂地。

有人说仰着头的麦穗是不饱满的，只有低着头的麦穗才是饱满成熟的。我们要学会以谦虚的态度做人，天外有天，人外有人，只有了解自己的微小，才能让自己变得越来越强大。总是自满自大的人永远也不可能成为真正的强者！

故事穿越

森林里有一只骄傲的蚊子，以为自己是天底下最厉害的动物。有一天，它对兔子说："小兔子，你说谁是森林里最厉害的动物？谁是森林之王?。"小兔子慢腾腾地答道："当然是狮子了，连人类都惧怕它。"

蚊子听了很不高兴，对兔子说："我才是森林之王，我现在就去战胜狮子。"自认为是的蚊子吹着喇叭飞到狮子那里，向狮子挑战。

在路上，它碰到了猴子，于是问猴子："小猴子，你说森林里最厉害的动物是谁？"小猴子挠了挠头，说："当然是狮子了，我的同伴刚刚被它吃掉，连骨头渣子都没剩。"说完居然嘤嘤地哭了起来。

蚊子于是对猴子说："猴子兄别怕，我现在就去替你们报仇。"

小蚊子飞啊飞，终于找到了狮子，它对狮子说："狮子，你说森林里最厉害的动物是谁?"

狮子笑了笑说："当然是我了，我可是森林之王。"

小蚊子听后更加恼火了，立刻冲到狮子的脸上，对它说："我不怕你，你并不比我强。我才是真正的森林之王，你到底有什么力量呢？是用爪子抓，牙齿咬吗？使出你所有的本事来对付我吧。"说完便专咬狮子鼻

子没有毛的地方。狮子气得用爪子把脸都抓破了，还是抓不到蚊子，只好认输，要求停战。

蚊子战胜了狮子，特别得意，它吹着喇叭唱着凯歌到处炫耀着，骄傲地在空中飞了一圈又一圈来报告这个好消息。连面前有一张蜘蛛网都没有发现，于是它粘到了蜘蛛网上，被蜘蛛抓住了。

在临死的时候，它悲叹道：“我已经战胜了强者，却被弱者所消灭，真是可悲可叹。”

故事微语

骄傲自满的人一定会受到惩罚，最终会落到和蚊子一样的下场。我们在什么时候都不能骄傲，因为总会有人比你厉害。

仰着头看到的只是天空，低下头看到的才是大地，只有脚踏实地走路的人才不至于摔跟头。我们要时刻保持自谦的态度，不骄傲自满，不自高自大，认真踏实地做好每一件事情，不好高骛远。

我们青少年不要独守书斋，不要两耳不闻身外事。一朵再美艳的花在墙角独自开放时，世界也会变小。我们的心胸要永远向世界敞开，相信已知越多，未知越多。

心灵箴言

好说己长便是短，自知己短便是长。

——申居郧

真正的谦虚只能是对虚荣心进行了深思以后的产物。

——[法] 柏格森

当我们是大为谦卑的时候，便是我们最近于伟大的时候。

——[印] 泰戈尔

做乌龟不一定比做兔子差

故事话题

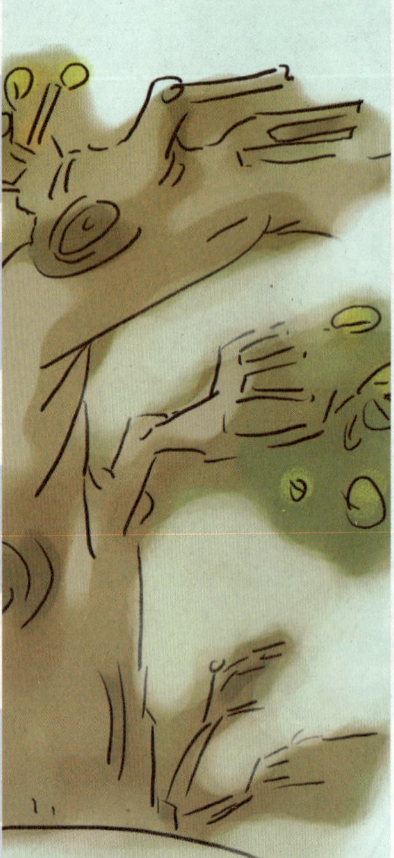

春天来到了，森林里一片生机勃勃，动物们也开始走出家门活动起来。瞧，善于奔跑的兔子又在嘲笑行动迟钝的乌龟了，兔子蹬着长而有力的后腿，在乌龟的周围不停叫喊着：“瞧你那又短又粗的小腿，恐怕永远都必须远远地跟在别人的后面，太好笑了！”兔子指着乌龟大笑起来。

这时乌龟说话了：“那就让你们中最善于跑步的兔子和我比一比吧，我不一定会输！”围观的动物们也都赞成他们比一比。

比赛开始了。狐狸裁判刚一下令，兔子就像离弦的弓箭，飞快地向前方跑去，不一会儿，就把乌龟落下好远。兔子骄傲地回头一看，只见乌龟正在离起点不远的地方慢腾腾地爬呢。兔子又奋力地跑啊跑，跑到半山腰。再回头看，连乌龟的影子都不见了。

兔子暗自高兴，自言自语地说：“等慢乌龟爬过来还早呢，我先睡一觉再跑吧！”说完就安心地睡着了。

再看看乌龟，从一开始，它就不声不响地慢腾腾向前爬着，它的速度真的好慢好慢，它一丁点儿一丁点儿地爬啊爬，爬上了半山腰，虽然已经累得满头大汗，但是它一直没有停步。它超过了睡大觉的兔子，继续一步步向前。啊，山顶的小红旗离它越来越近了！

动物们忍不住齐声为乌龟呐喊。兔子被叫喊声惊醒了：“啊呀！乌龟快到山顶了！”兔子连忙拼命地朝山顶奔去，可是太迟了，兔子眼睁睁地看着乌龟举起了代表胜利的小红旗，乌龟得到了冠军。

龟兔赛跑

故事解析

众所周知，兔子要比乌龟跑得快得多，赛跑的结果却是兔子输了，之所以会出现这样的结果的原因就是兔子太骄傲了！骄傲的兔子居然在赛跑的途中安心地睡着了，殊不知作为对手的乌龟此时正在加紧追赶的步伐，并且在超过兔子后也没有出现丝毫的懈怠，最终才取得了比赛的胜利。

我们在平时也不要小看任何人，任何看起来不如自己的对手都有可能会超越自己。乌龟不一定会比兔子差，所以我们要保持谦虚的态度，稳步向前，不自满，不骄傲自大，踏踏实实地一步一个脚印地走下去，哪怕暂时跑得慢点儿，最后也会到达胜利的终点。

故事穿越

小刚和小强是同桌，小刚记忆能力要比小强好很多，于是他逢人就说自己比小强聪明。

小强是个踏实的孩子，学过的东西总是回家复习，记不住就一直背诵。小刚自负聪明，回到家后就玩儿游戏，看电视，慢慢地小强的成绩比小刚好一点儿了，这让小刚很生气：“明明我要比他聪明很多，不就是死读书吗？有什么了不起的。”

两人同时读完了中学，小强依然刻苦努力，小刚依然自负聪明过人。高考完后，“愚笨”的小强考上了一流的重点大学，“聪明”的小刚却名落孙山，只能再上一次高三。这时候小刚才恍然大悟：原来小强把自己玩儿游戏的时间用来刻苦读书了。

故事微语

小刚和上个故事里的兔子一样，自负要比别人胜一筹，却最终没有取得胜利。在生活中不是也有很多这样的例子吗？有人自负身强体健，不愿意多加锻炼，久而久之竟不如之前身体瘦弱的同学有力气；有人自负聪明伶俐，不愿意温故而知新，在考场上也没有取得好名次。

龟兔赛跑中取得成功的不一定就是兔子。我们在平时也要养成自谦的习惯，不要小看任何人，也不要自高自大，要知道：成大事者必然是从不懈怠的勤奋者。

心灵箴言

一个骄傲的人,结果总是在骄傲里毁灭自己。

——[英] 莎士比亚

真正的谦虚是最高的美德，也是一切美德之母。

——[英] 丁尼生

自负对于任何艺术都是一种毁灭，骄傲是可怕的不幸。

——[保加利亚] 季米特洛夫

不做锋芒毕露的“内心空虚者”

故事话题

一天，外贸部前副部长龙永图要坐飞机去国内某市出差，登机前在候机室稍事休息，突然听到从一个角落里传来十分嘈杂的声音，整个候机室都热闹起来。后来才知道原来是某县的县委书记要出国考察，其下属的三四十位干部，争先恐后地前来送行。

不久，龙永图到国外参加一个大型国际性会议。会场里没有任何豪华的摆设，更没设领导席和嘉宾席，大家都坐着一样的普通长凳。与会者都是国际经济界有头有脸的大人物，按照先来后到的顺序随便坐。龙永图在一条长凳上刚坐下，一位老太太就独自进来了，对他礼貌地点了下头，然后很自然地坐到了他身旁，趁会议还没开始，两人寒暄了很长时间。

龙永图却忘了问老太太的姓名，待会议结束后，他向会议的组织者打听：“刚才坐在我身边的那位和蔼可亲的老太太是谁？”组织者感到万分惊讶，反问龙永图：“你真的不认识她吗？”龙永图如实回答说不认识，对方这才叹口气说：“她就是荷兰女王呀！”这下轮到龙永图惊讶了，他嘴里连连说道：“真没想到，真没想到！”

之后，龙永图对于这件事感触颇深：她哪像个女王啊？简真就是咱们的邻家大妈！

故事解析

内心空虚的人唯恐别人小看了自己，进而锋芒毕露。内心丰富的人和蔼对人，从不要求别人高看自己一眼。但是，锋芒毕露的人往往得不到别人的高看，和蔼朴实的人却得到别人的尊敬。

我们要避免做一个锋芒毕露的人，努力地修炼自己的内心。美丽的珍珠如果不经过磨砺那就是一文不值的沙砾，过于显示自己的锋芒只会让自己的内心变得空虚而不堪一击，内心真正强大的人就像经过磨砺的珍珠一样，具有内涵而不显山露水。

故事穿越

从前，有一只青蛙和大雁是邻居，青蛙因为一直生活在村子的池塘里，很想到外面去见见世面，看到大雁又要飞回南方了，灵机一动："为何不让大雁带我到南方去呢？"

于是，青蛙到了大雁家里，要求大雁帮帮自己，大雁说："你没有翅膀，飞不起来，我怎么把你带到远方去呢？"青蛙说："你们会飞呀！你们可以两个一组用嘴咬着木棍，这样在飞起来后，木棍也就抬起来了，我用嘴咬着木棍，这样不就把我带走了吗？"大雁点点头，觉得青蛙很聪明，这是个好主意。然后，每两只大雁一组，轮换抬着青蛙，飞过高山，飞过大河，飞向南方……

有一天，飞到一片田野的上空，田地里放风筝的孩子们看到了，高兴地大声喊道："大雁带着青蛙飞，大雁真聪明！大雁带着青蛙飞，大雁真聪明！大雁带着青蛙飞，大雁真聪明！"青蛙听见了，连忙说道："这办法是我想出来的！""啪！"的一声响，话刚说完，青蛙就从天上掉了下来，摔死了。

故事微语

像青蛙那样喜欢自我标榜、自我夸奖而又锋芒毕露的人是没有好下场的，青蛙的内心是空虚的，生怕别人不知道自己的"聪明才智"，结果是自取其辱，付出了生命的代价。不要把自己太当回事，才不会产生自满心理，才能不断地充实、完善自己，缔造完美人生。

一个懂得谦逊的人是一个真正懂得积蓄力量的人，他厚积而薄发，不狂傲、不张扬，踏实地学习、做事，是真正的内心丰富的人。

心灵箴言

在这个世界上，尽如人意的事是并不多的。咱们既活着做人，就只能迁就咱们所处的实际环境，凡事忍耐些。

——[印] 泰戈尔

自以为聪明的人往往是没有上场的。世界上最聪明的人是最老实的人，因为只有老实人才能经得起事实和历史的考验。

——周恩来

你们不见美貌的青年穿戴过分反而损了他们的美吗？你不见山村妇女，穿着质朴无华的衣服反比盛装的妇女美得多吗？

——[意] 达·芬奇

低下的是头，抬起的是信仰

故事话题

加拿大的魁北克有一条南北走向的山脉。山脉有一个特别之处，特别引人注目。它的西坡长满松、柏、女贞等树木，而东坡却只有雪松这一种树木。这一奇异景色让许多人困惑，一对夫妇却揭开了这个谜底。

那是1993年的冬天，这对夫妇的婚姻正处于濒于破裂的边缘，为了找回昔日的爱情，他们决定再进行一次浪漫之旅，如果能找回爱情就继续生活，否则就只能友好地分手。他们来到这个山谷的时候，天空飘起了大雪，他们支起帐篷，望着满天飞舞的大雪，发现由于山间特殊的风向，东坡的雪总比西坡的大而密得多。不一会儿，雪松上就落了厚厚的一层雪。但是，当雪积到一定程度之后，雪松便利用枝丫的弹性向下弯曲，直到雪从枝上完全滑落。如此反复地积，反复地积，反复地弯，反复地落，雪松完好无损。可看看其他的树，因为没有这个本领，树枝被压断了。妻子在发现了这一景观后，对丈夫说："东坡肯定也长过很多杂树，只是不懂得弯曲才被大雪摧毁了。"少顷，两人突然懂得了什么，拥抱在一起。

故事解析

我们在生活中承受着来自各方面的压力，积累到最后，终于让我们难以承受。这时候，我们需要像雪松那样弯下身来，卸掉负担，才能够重新挺立，避免被压断的结局。低下头并不等同于失败，而是一种弹性的生存方式，是一种生活的艺术，也是为了更好地活下去。

适时地低头可以给自己更多的生存机会，不至于为了生活的重压而难以承受。我们在学习和生活中也应该如此，适时低头向别人请教自己不懂的问题，可以让自己获得更多的知识和学问，进而取得更好的成绩。

故事穿越

一家小型公司开始招聘业务人员，其中一位应聘者资历显赫，但是于公司来讲，有种小庙容不了大佛的顾虑，因此公司也不抱什么希望，面谈时，也很坦诚地告诉他，依据公司规定，是无法给他太高地薪水的。原以为他会就此打住，不要浪费彼此的时间，没想到他竟然愿意接受不到他原来薪水一半的条件，这让公司颇为意外。

正式上班后，他也没有表现出出身大公司的骄傲，准时上班，清楚地填写报表，而且谈客户也很卖力，不久之后他的业绩远远超出公司原本的预期，于是在很短的时间内，公司破格让他连晋两级，而且大幅度加薪。自此，他工作更加卖力，为公司也创造了更好的业绩。

后来才了解到：原来他在前一家公司是经理，工作相当顺利，薪水也十分高，原以为可以衣食无忧，但是公司因为投资失败，老板不知去向，让他们欲哭无泪。在此期间，他也曾经因为薪水无法与自己所要求的相符而认为没人赏识，总认为自己是怀才不遇。但在经历了一段时间的沉淀后，他选择了重新整装出发，踏踏实实地从底层开始做起。

故事微语

应聘者之所以会取得最后的成绩，也是因为学会了“低头”，不把自己放在过高的起点，脚踏实地地工作，才会晋升加薪。之前把自己放在了过高的位置，则会导致因为薪水无法和自己的要求所匹配而怨天尤人，认为自己怀才不遇，其实真正成全自己的还是自己，让自己可以骄傲地抬起头来的人也是自己。

很多时候只有适时地低下头，努力地做好应该做的事情，才能给自己更多抬起头的机会，来证明自己。

心灵箴言

不傲才以骄人，不以宠而作威。

——诸葛亮

谦虚使人进步，骄傲使人落后，我们应当永远记住这个真理。

——毛泽东

成功的第一个条件是真正的虚心，对自己的一切敝帚自珍的成见，只要看出同真理冲突，都愿意放弃。

——[英] 斯宾塞

第二篇

谨言慎行，真正的智慧如淡墨幽香

恰当的言谈举止是成功的为人处事的关键所在，也能体现真正的大智慧，所以孔子告诫我们要“言寡尤，行寡悔”，以做到谨言慎行。无论做任何事，都必须经过深思熟虑，都要尽力在不讲错话、不办错事的大前提下，再去采摘成功的果实。否则，可能会事倍功半。

甘愿把夸奖的话让给别人

故事话题

有一位企业家，他的员工总是能充分发挥出自己所具备的才能。他在用人方面也有自己的一套原则。他是怎样用人的呢？

这个企业家每次迎接新员工入职的时候，总是面带微笑，握着他们的手说：“我一直在等待着你们的到来。”大家看到老总这般的亲切很是兴奋，无一不下决心要干出一番成就，不辜负老总的希望。这位企业家在具体工作中更如此去做。这位企业家对那些有特长的人总是报以敬重，他总是对他们说：“虽然我不是专家，但是有你们的帮助，我肯定能够成功。”之类的话。

这位企业家善于夸奖公司里的每一位的员工。这一点与汉高祖刘邦有异曲同工之妙。他甘愿把夸奖的话让给别人，从而使得企业上下一条心，拧成一根绳，所以自己的事业也得以蒸蒸日上。

故事解析

夸奖别人所产生的力量是巨大的。夸奖是对付出的一种报酬，是生活的一种公平，是黑暗中的一根蜡烛，无意间就能照亮了别人。

美国钢铁公司第一任总裁夏布先生曾说过：“我想，我天生具有引发朋友热心的能力，促使人将自身能力发挥至极限的最好办法，就是赞赏和鼓励。来自长辈或上司的批评，最容易葬送掉一个人的志气。我从不批评他人，我相信奖励是使人工作的原动力，所以我喜欢赞美而讨厌吹毛求疵。如果说我喜欢什么，那就是真诚、慷慨地赞美他人。”用赞美来满足人性，这就是夏布成功的秘诀。

赞美是欣赏，给人的喜悦是无可比拟的。因此，自谦的人总会有学习的目标并去接近、触及乃至超越它，并在这种超越中不断地进步，壮大。

故事穿越

奥尔德林的父亲是一位敢于冒险的飞行员，奥尔德林受父亲的职业影响，从西点军校毕业后成为一名战斗机驾驶员。后来，他又在一所著名的理工学院获得航空博士学位。因此，他被视为美国最有科学头脑的宇航员之一，也被视为登月飞行的最佳人选。

这一评价在他后来执行飞行任务的表现中得到证实。1969 年 7 月 20 日，奥尔德林和阿姆斯特朗一起执行登月任务，在阿姆斯特朗之后走出登月舱时，他为了防止舱门被锁住，还小心翼翼地将舱门虚掩，这个细节足以证明他的细心和精明。

两位伟大的宇航员在月球表面采集了约 40 磅的月球岩石后，将它们认真地装在了密封的气压铝箱内，在此之后，还在月球表面做了很多实验。在短短的 2 小时零 20 分到 30 分的时间内，两人还升起了美国国旗，将这作为自己的荣誉。

有人说，阿姆斯特朗是第一个行走在月球上的地球人，奥尔德林则是

第一个奔跑在月球上的地球人。回想起自己当时在月球上的行动，奥尔德林说：“我们的背包很沉，所以有物理质量。不管在地球还是月球，转移物理质量都要一定的力量。我发现自己像个袋鼠一样地跳跃，当时没时间去研究有效的移动方式，只知道迈一步，再迈一步，让身体放松漂浮在脚着地之前……”

有一次，记者问奥尔德林是否会因为自己只是“登月第二人”而有所失望。他没有正面回答，只是说道：“我的同事们都是很有竞争力的人，他们总是不放过到来的任何机会，而且我不喜欢被当作英雄人物到处演讲和庆祝。第一个登月的人会承担更多的责任，我真的对此没有奢求。”

故事微语

奥尔德林把“登陆月球第一人”的荣誉送给阿姆斯特朗，自己甘愿做“登月第二人”，既是一种自谦的精神体现，也是一种生活的智慧。不张扬，不居功，虽然不会“被当作英雄人物到处演讲和庆祝”，但是在人们心目中的形象依然高大。

自谦的人必然受人爱戴，把荣誉看淡可以给生活减少很多烦恼，可以让自己活得更加洒脱，又何尝不是一种生活的大智慧呢？

心灵箴言

君子戒自欺，求自谦。

——海瑞

谦虚温谨，不以才地矜物。

——房玄龄

谦者众善之基，傲者众恶之魁。

——王守仁

有志者不会坐井观天

故事话题

在汉朝时期，有个名叫夜郎的小国家，虽然是一个独立的国家，但是国土面积很小，人口也很少，物产更是少得可怜。因为周围地区属夜郎国的面积最大，所以从来没有离开过本国的夜郎国国王就认为自己所统治的国家是全世界最大的国家。

有一天，夜郎国国王与部下巡视国境的时候，看着周边的几个更小的国家就问道："在这片土地上哪个国家最大呀？"部下们为了迎合国王的心意，就说："当然是我们国家最大喽！"走着走着，国王抬起头来，望着前方的高山问道："天底下有比我们国家的这座山还要高的山吗？"部下们回答："这已经是天底下最高的山了。"后来，他们来到河边，国王再次问道："我认为这是世界上最长最长的河川了。"部下们仍然异口同声回答："大王说得对，我们的国家是最大的，山川是最高的，河流是最长的。"从此以后，无知的国王就更加以为夜郎是天底下最大的国家。

有一次，汉朝的使者来出使夜郎，途中先经过夜郎的邻国滇国，滇王问使者："汉朝和我的国家比起来哪个更大一些？"使者一听吓了一跳，他没想到这么小的一个国家，居然无知到自以为能与汉朝相比。却没想到后来当使者到达夜郎国后，骄傲又无知的国王因为不知道自己所统治的国家的大小仅仅和汉朝的一个县差不多，竟然不知天高地厚地问使者："汉朝和我的国家比起来哪个更大一些？"

之后，夜郎王胁迫周边的22邑，一同来反叛汉朝，被汉使陈立杀了，夜郎国也随之消失。

故事解析

夜郎国的国王显然是井底之蛙，以为自己的国家是全世界最大的，不把其他国家放在眼里，最终也导致了自己国家的灭亡。有志者知己知彼，不自大，不自夸，不张扬，而目光短浅的人也一定会为此付出代价。

俗话说：天外有天，人外有人。外面的世界太大了，我们不要把自己定义在一个小的范围之内，要把眼光放得长远一点儿。当权者如果没有深谋远虑，国家必会灭亡，我们的目光过于短浅，也注定会一事无成。

故事穿越

吴王当政的时候专横无比，要想说服他是一件不容易的事情。

有一次，吴王准备攻打楚国。他召集群臣，宣布了这个消息。大臣们听后低声议论起来，因为大家都知道吴国目前的实力还不够雄厚，此时最应该做的就是养精蓄锐，国富民强，而攻打楚国显然是很不现实的。

吴王听到了大臣们的窃窃私语，似有异议，便厉声制止道：“各位爱卿不必再讨论了，我意已定，谁都别想动摇我的想法，倘若有谁执意要阻止我，决不轻饶!”

众大臣听后战战兢兢，谁也不敢乱说一句说，于是匆匆退朝。

大臣中有一位正直的贤能者，他下朝后心中无法安宁，思前想后，他

觉得不能因为害怕而不顾国家的安危。这位大臣在自家的花园内来回地踱来踱去，思索该如何表达自己的心意，这时候无意中看到了树上的一只蝉，他立刻有了主意。

第二天一大早，这位贤能者便来到王宫的后花园，他知道每天早朝前吴王都会来这里散步，所以他特意在这里等待。

大约过了两个时辰，吴王果然在宫女的陪同下，到后花园散步。那位大臣装着没有看到吴王，眼睛紧盯着一棵树。

吴王看到他的衣服已经被露水打湿了，却仿佛没有察觉一样，眼睛死死地盯着树枝，似乎在看什么正入迷，手里还擒着一个弹弓，便很纳闷儿地拍了一下他的肩膀，问道："爱卿一大早在这里做什么？何以如此入神，连衣服被露水打湿了都不知道？"

那位大臣故意装作刚刚看到吴王的样子，急忙施礼赔罪道："微臣刚刚只顾看那树上的蝉和螳螂，竟不知大王的到来，请大王恕罪。"

吴王挥挥手，好奇地问："蝉和螳螂？你刚才究竟在看什么？"

那位大臣说道："我刚才看到一只蝉正在喝露水，却没有察觉到一只螳螂正弯腰准备捕食它，而螳螂也想不到一只黄雀正在把嘴瞄准了自己，黄雀更想不到我手中的弹弓会即将要了它的命……"

吴王笑了笑，说："我明白了，爱卿不要再说了。"

终于，吴王放弃了攻打楚国，国家慢慢地昌盛起来。

故事微语

目光短浅的吴王听不进别人的意见，差点儿酿成大错。不认清事态的发展形势，盲目地下决定，最终也不会取得好的结果。

我们也不要做井底之蛙，只看到井口大的天空，一定要将目光放得长远一些。多听取别人的意见，多看看外面的世界，这样你会发现原来自己可以学习的东西还有很多，自己不知道或者没想到的东西也特别多。

心灵箴言

心不清则无以见道，志不确则无以定功。

——林逋

一个有志气的人，他为之奋斗的目标应该是远大的、高尚的，而决不是被私利障住眼睛的懦夫。

——殷庆功

永远得不到安宁，永远得不到满足，老是追求着永远得不到的东西，情节、计划、忧虑和烦恼永远萦绕在脑际——不管这是多么离奇，有一点是明白无误的：那是一种不可抗拒的力量，一个人就是在这种力量的驱使下去制订人生计划的！

——[英] 狄更斯

妄自尊大是人生路上的荆棘

故事话题

一个富人有一匹高大而英俊的马，他十分喜爱这匹马，于是让人给这匹骏马套了一副金质的笼头，安了一个昂贵的装饰华丽的鞍子，并披上了一条上面织有金线的丝毯。这匹马骄傲地看着主人让人把他打扮得如此漂亮，不由得心花怒放和盛气凌人起来。

一天，这匹马在马厩里待得实在不耐烦了，于是使劲儿挣脱了笼头，然后嘶鸣着从马厩里冲了出去。这时候有一头驴子朝它迎面走来，它背上正驮着沉甸甸的面袋，耷拉着脑袋，两条腿慢腾腾地一步一步往前迈。马咀嚼着，满嘴冒着白沫，从很远的地方就开始对着驴子大声喊叫：“驴子让开！你真是太没有礼貌了，看到一匹像我这样的骏马，居然还不赶快让路？滚开，不然的话我揍你，我给你三秒钟的时间，一、二、三……”

驴子怕得要命，在“三”刚吐出来的时候，就连忙让开了一条路，大气也不敢出了。

马骄傲地横冲直撞，跑了过去，从灌木丛间飞驰而过。可是在冲过灌木丛的时候，它的蹄冠却意外地受伤了。从此以后他再也当不了坐骑了。主人派人将它身上的金笼头和漂亮的鞍子取了下来，卖给了一个收废品的老头儿。从这天起，它必须从早到晚拉车。

不久，驴子看见骏马在拉车，便惊讶地问道：“你好，骏马！你这是怎么搞的？你那只金笼头、那条金丝毯都让你给弄丢了？我怎么没看见它们？

马把事情从头到尾说了一遍，驴子叹气道：“原来如此，亲爱的朋友，世界上有一条永恒不变的真理：骄傲自大必将受到惩罚。”

故事解析

我们每个人都有自己的长处或者成绩，但是我们并不能因此而高傲自大，目中无人，也不能妄自尊大地去炫耀自己的长处或者揭别人的短处。否则，我们永远也不可能有进步的空间，而且会在骄傲的情绪中产生很多可怕的后果。

就像驴子说的：骄傲自大必将受到惩罚。妄自尊大也是人生路上的荆棘，只有时刻保持谦逊、温和的态度对人对己，才能不断地超越自己，结交更多的朋友。也只有这样才能在人生路上走得更长、更稳、更久。

故事穿越

南宋著名史学家、学者，著有《容斋随笔》的洪迈在翰林院当职的时候。有一次值班，恰逢为皇帝起草诏书，于是从早晨忙到傍晚，他奋笔起草了二十多份诏书。在完成任务后，他来到了庭院间漫步，恰好碰见了一个老人在休息。

洪迈便上去和老人搭讪，问：“老人家是哪里人”？老人回答：“我是京师人，世代做翰林院吏，现在年龄大了，告老还乡。我的孙子又在这里当了院吏，因此我就在这里养老。”老人借此机会又说：“听说今日文书很多，学士一定大劳神了吧？”

洪迈听到这些话，说：“今天起草了二十多份诏书，都已经完成了。”

老人立刻就又称赞道：“学士才思敏捷，真不多见。”

洪迈这时候得意起来，骄矜之色立刻溢于言表，夸口说：“苏东坡大学士也不过写得这么快吧！”

老人先是点头表示同意，接着又不无惋惜地叹气说：“是啊，苏东坡学士敏捷也不过如此，只是他没用翻检书册罢了。”

洪迈羞愧得脸红，知道自己失言了。从此之后，他以此为鉴戒，在向他人说起这件事的时候，他形容当时的心情说：“人不可以自我夸耀，当时假如有地缝的话，我也会立刻钻进去了。”

故事微语

妄自尊大的人必然会受到惩罚，我们在平时即使取得了一些成绩，也不要骄傲自满，要时刻提醒自己保持谦虚的态度，只有这样才能取得更大的成绩和进步。盲目地骄傲自满只会让自己的能力停滞不前，甚至可能会导致自己的人生路上因此而布满荆棘。

当我们自己认为我们做得很好、取得了不俗的成绩的时候，总会有人比我们做得更好，只有保持谦虚的态度继续学习，埋头踏实地努力，才能做得越来越好。

心灵箴言

劳谦虚己，则附者众；骄倨傲慢，则去者疾。

——葛洪

一个骄傲的人，结果总是在骄傲里毁灭了自己。

——[英] 莎士比亚

“骄傲”两个字我有点儿怀疑。凡是有点儿干劲儿的，有点儿能力的，他总是相信自己，是有点儿主见的人。越有主见的人，越有自信。这个并不坏。真是有点儿骄傲，如果放到适当岗位，他自己就会谦虚起来，要不然他就混不下去。

——邓小平

别让骄傲撞破了安稳的梦想

故事话题

鹰妈妈有了一个新孩子，因为小鹰脖子上有一朵雪莲般的毛簇，所以鹰妈妈给小鹰起名叫白毛。白毛在鹰妈妈的严格要求下坚持刻苦训练，飞行技术越来越好。鹰妈妈看着翱翔在蓝天白云间的白毛，感到格外高兴。

一天，白毛对鹰妈妈说：“我飞得这么快，这么高，感到十分高兴。但是，天有不测风云，如果我在空中突然遭遇雷电暴雨的袭击，你千万不要为我担心难过。”

鹰妈妈微笑着说：“飞行途中难免会遭遇雷电暴雨，但是，我相信你是最优秀的，有战胜挫折的勇气和能力，所以我不会为你担心难过的！”

白毛连续参加了三次小鸟飞行大赛，每次它都荣获冠军。每当白毛高高兴兴地拿着沉甸甸的金牌给妈妈看时，鹰妈妈都会高兴地笑起来。白毛对鹰妈妈说：“每次比赛我都遥遥领先，我是最优秀的，我是永远的冠军！”

鹰妈妈听了白毛的话，摇了摇头，轻轻地叹了一口气。

白毛说：“妈妈，您怎么叹气，是身体不舒服还是有什么不高兴的事情呢？”

鹰妈妈对白毛说：“我身体很好，也没有什么不高兴的事，我只是有些为你担心啊！”

白毛说：“我已经长大了，再猛烈的雷电暴雨我都不再惧怕，我有勇气和能力战胜一切艰难险阻！我是最优秀的，您有什么好担心呢？”

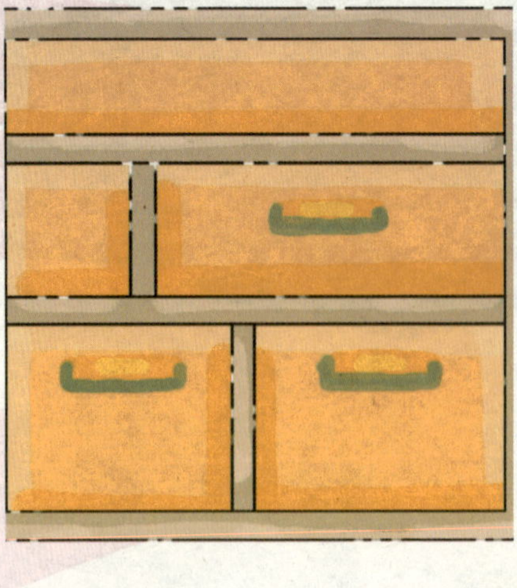

鹰妈妈指着金灿灿的金牌，对白毛说：“你能够获得冠军我当然高兴，但是我也很为你担心。你背负着沉甸甸的金牌，以后还怎么飞得更高、更好呢？”

白毛笑着说：“您的担心是没必要的，我把金牌都放在家里，从来不会带着金牌去飞行啊！”

鹰妈妈语重心长地对白毛说：“我知道你把金牌都放在家里，不会在外出飞行的时候带在身上，但我总觉得这些金牌已经牢牢地压在了你的

心里，所以我害怕你获奖后沾沾自喜，骄傲自满。白毛你一定要记住：没有永远的冠军，没有永远的第一。不能整天陶醉在冠军的光环之中，只有把已经取得的胜利作为新的起点，继续奋发图强，才能不断进步啊！”

白毛这才恍然大悟，知道妈妈的担心并非多余。

故事解析

骄傲是失败的源头，自满是智慧的尽头。我们在取得了一定的成绩后，千万不能骄傲，应该更加谦虚谨慎，勤奋学习，只有这样才能取得更大的进步。否则只会让自己停滞不前，无法取得更大的成绩。

我们只有将胜利作为动力，继续努力，才能获得更多的成绩。谦虚使人进步，骄傲使人落后，就是要警戒我们时刻保持自谦的态度，不能因为取得了一点儿成绩就沾沾自喜，骄傲自满，不思进取。

故事穿越

从前，在一条溪水旁，有一束喇叭花和一棵老树，它们快乐地生活在一起。

有一天，来了一只蟋蟀，对喇叭花说："你真漂亮啊！可是你身边那又黑又丑的家伙太难看了，你们太不相配了。"喇叭花听了有些飘飘然了。

过了几天，又来了一只麻雀，对喇叭花说："我从来没有见过像你这么漂亮的花，要不是你身边那个又黑又丑的家伙，说不定我就在这里安家了呢。"

喇叭花听了麻雀的话，就越发骄傲起来，整天高昂着头吹着喇叭，还埋怨老树："都是你这个黑家伙让我被大家嘲笑了，你赶快搬走吧！"老树终于忍无可忍就对喇叭花说："没有我，你是爬不了那么高的。"喇叭花听了更加生气了："哼！我偏要离开你，省得别人总是嘲笑我。"说着喇叭花用力地挣脱了老树，结果一下子趴在了地上，喇叭花也摔掉了好几朵，它用尽了力气想站起来，都失败了，喇叭花这才知道离开了老树自己是直不起来的，它伤心地哭了起来。

老树慢慢地用手臂把喇叭花扶了起来，语重心长地说："美丽是有代价的，无论什么时候都不能迷失了自己。"

故事微语

如果我们骄傲，就一定会吃到苦头儿。在任何时刻只有保持清醒、自谦的态度，才能不被荆棘所伤，取得更多更好的成绩。那些一味地自以为是、骄傲自满的人，即使可以取得暂时的成绩和胜利，也维持不了多久就会惨遭淘汰。

巴甫洛夫曾经说过："决不要陷于骄傲。"因为一骄傲，你们就会在应该同意的场合固执起来；因为一骄傲，你们就会拒绝别人的忠告和友谊的帮助；因为一骄傲，你们就会丧失客观标准。故事里的喇叭花就是因为骄傲而脱离老树，进而自取其辱。我们一定不要像这株喇叭花一样骄傲。

心灵箴言

缄默和谦虚是社交的美德。

——[法] 蒙田

自满者，人损之；自谦者，人益之。

——魏徵

人们要发展自己首先要虚心向别人请教。

——[日] 武者小路

低调做人，浮华终究是瞬间的烟火

故事话题

明王朝的建立，大将军徐达起着至关重要的作用。徐将军是朱元璋儿时的玩伴，两个人曾一起放过牛。在其戎马一生之中，有勇有谋，为明朝的创建和中国的统一立下了汗马功劳，同时，他和朱元璋的关系非常不错。但是，就是这样一位举足轻重的人物，却从不居功自傲。

徐将军每年在春季挂帅出征，暮冬时节才还朝。回来后立即将帅印交还给朱元璋，然后回到家里过着极为俭朴的生活。按理说，这样一位朱元璋的至交，且战功显赫，甚至朱元璋还将自己的次女许配给他，完全可以“享清福”了。

朱元璋也曾在私下里对他说：“徐达兄战功显赫，却从未好好休息过，我就把过去的旧宅邸赐给你，让你好好享几年清福吧。”朱元璋的旧邸是其登基前所居住的府邸，可徐将军就是不肯接受。万分无奈的朱元璋请徐将军到旧邸饮酒，将其灌醉后，蒙上被子，亲自将其抬到床上睡下。

徐将军在半夜酒醒，忙问周围的人自己这是住在什么地方，内侍说：“这是旧内。”徐将军大吃一惊，连忙跳下床，俯在地上自呼死罪。朱元璋知道后，心里十分高兴，命部下在此旧邸前修建一所宅邸，门前立一石碑，并亲书“大功”二字。

身为统帅的徐将军，处处与士兵同甘共苦。遇到军粮不济，士兵没有吃饱的时候，他也不饮不食；扎营没有建成的时候，他也不进帐休息；士卒如果受伤患病，他一定会亲自慰问，给药治疗；如果遇到士卒牺牲，他更是重视，会亲自筹好棺木，然后好生埋葬。将士对他无不既感激又尊敬。

1385年，徐将军病逝在南京。朱元璋悲恸不已，甚至为此辍朝，追封徐将军为中山王，并将其肖像陈列于功臣庙第一位，称之为“开国功臣第一”。

其实在历史上，朱元璋善用严刑重刑，杀了包括功臣在内的十数万人，一方面是因为这是强化其统治的手段，另一方面与朱元璋的个人品格有关。从小与朱元璋在一起的徐将军当然十分明白“伴君如伴虎”的道理，他知道与这样的皇帝在一起，只能共苦，不能同甘，自己如果居功自傲，无异于引火自焚。因此，徐将军夹起“尾巴”，低调做人，这既表现出徐将军的个人良好品行，更是他自我保全的良策。

故事解析

俗话说，“夹着尾巴好做人”，对普通人如是，对那些功成名就的人来说也莫不如是。朱元璋善用酷刑，对徐将军却极为仁爱，就是因为徐将军做人极为低调，既保全了自己，还维护了个人的良好形象。一个人最难能可贵的地方就是他能够在功成名就后仍然保持谦逊的品质。

只有谦虚低调的人才能得到智慧。如果你以谦虚低调、朴实和气的形象对待别人，别人同样愿意以真心来对待你；相反，你若以强硬姿态出现，处处高于对手，咄咄逼人，对方心里会感到紧张，这时候你们的交往就难以继续下去，合作就更难完成。

一个人如果名气大了，不沽名则其名愈溢；一个人如果功劳大了，不矜功则其功愈显。我们也要学习徐将军，在取得成绩之后仍然保持谦逊的品质，不居功，不骄傲，不浮华，踏踏实实地认真做事。

故事穿越

乔治·卡特利特·马歇尔是美国的一代名将，在二战中，他以美国陆军参谋长的身份对建立国际反法西斯统一战线做出了突出贡献。

鉴于其功勋显赫，1943 年，美国国会决定授予乔治·卡特利特·马歇尔陆军元帅，这是美国历史上从未有过的最高军衔，但马歇尔坚决不肯接受。其原因是这将使他的军衔高于当时已病倒的陆军四星上将潘兴。马歇尔认为是潘兴才是美国当代最伟大的军人，自己曾经多次受到潘兴将军的

提拔和力荐，因此自己不愿使这位令自己崇敬的老将军的地位和感情受到伤害。

第一次世界大战中，乔治·卡特利特·马歇尔随美军到欧洲区参战。当时的美国远征军司令潘兴非常赞赏马歇尔的才能，在大战末期的时候，将他提拔为自己的副官，视为得意门生。后来潘兴虽然退役，但是仍多次力荐他晋升。在潘兴的有力影响下，1939 年乔治·卡特利特·马歇尔领临时四星上将军衔出任美国陆军参谋长。

有一段小插曲足以说明马歇尔对潘兴的深厚感情。1938 年春，马歇尔前往医院探望潘兴，潘兴若有所思地说："马歇尔，总有一天你也会像我一样当上四星将军的。"马歇尔满怀感激地回答："美国只有您有资格获四星上将军衔，决不可能再有另一个人！"听到马歇尔的肺腑之言，潘兴顿时热泪盈眶："谢谢你，马歇尔！"

马歇尔拒绝当元帅后，为了表示对他的敬意，美军从此不再设元帅军衔。1944 年底，乔治·卡特利特·马歇尔晋升五星上将——美军的最高军衔。

故事微语

仔细看这世界你会发现：一些取得了一些成就的人，往往会上演一幕小人得志的丑剧，将最初的谦恭忘得干干净净。这样的人其实是不具备谦虚的美德，而伟大的人则不会像这些得志小丑一般，他们的谦恭是由内而外、自始至终的。越在名利的顶峰处越可以显示出自己的虚心，越可以显示出这种品质的弥足珍贵。

谦虚是每一个人获得成功必不可少的品质。在你到达成功的顶峰之后，你会发现谦虚的重要性。谦虚的品质并不是一朝一夕就可以做到的，所以我们从现在起就要养成谦虚低调的习惯。

心灵箴言

谦虚是不可缺少的品德。

——[法] 孟德斯鸠

行谨则能坚其志，言谨则能崇其德。

——胡宏

我们不能一有成绩，就像皮球一样，别人拍不得，轻轻一拍，就跳得老高。成绩越大，越要谦虚谨慎。

——王进喜

第三篇

进退有度，稳住了才能静看日落烟霞

进退有度，是对生活的一种把握程度！有了合理的把握程度，人活在路上，才不会走的太累。学会了进退有度，就可以少走很多的弯路，进而走的更快、更远……

进退有度，是一种不偏不倚的生活态度，在这纷繁复杂的世界里，唯有学会进退有度，才能做到因地制宜，相机行事，既维持自己外圆内方的秉性，同时还可以不失风度的完成使命。

进退有度，是一种生活的心境。心开路就通，心绝路就死。古往今来，只有能屈能伸的人，才能成就了一番伟业，刘邦夺全国，韩信受胯辱……这类实例，数不胜数。

我们如果可以做到在人生的路上进退有度，必然也就会走的从容潇洒，也就可以走出迷雾重重，踏出辉煌前程！

微笑："疑难杂症"的妙方

故事话题

从前，在一个小镇上，有一个非常有钱的富翁，但是他很不快乐，这也让他苦恼不已。于是他每天都在思索：怎样才能让自己快乐起来。

有一天，这个富翁正无精打采地走在路上，这时，走来一个扎着马尾辫的小女孩儿，小女孩儿用天真的眼神望着他，然后给了他一个甜美的微笑。这个富翁望着孩子微笑着的天使般的面孔，心中豁然开朗。自己为什么要不高兴呢？每天都可以像这个小女孩儿一样微笑不就好了吗？

第二天，这个富翁离开了小镇，去远方寻求梦想。临走之前，他送给了这个朝他微笑的小女孩儿一袋黄金。

镇上的人都觉得不可思议，问这个小女孩儿，明明是不相识的富翁怎么会送她一袋黄金？小女孩儿思索了片刻，笑着说："我什么都没做，只是对他微笑而已。"

故事解析

"只是对他微笑而已。"是啊，小女孩儿一个善意的笑，却换来了巨额的财富，实在令人难以置信。但是，这就是微笑的力量，小女孩儿的微笑点燃了富翁几乎化为灰烬的心灵，让他再一次有了希望，有了梦想，有了快乐。这世界上还有什么比梦想和快乐更重要呢？

遇到困难的时候，不妨给自己一个微笑；看到陌生人的时候，试着给对方一个微笑。或许你会发现，困难很快便迎刃而解，陌生人居然和自己成了好朋友。当你发自内心地微笑的时候，或许你会发现竟然治愈了所有的"疑难杂症"，快乐和幸福居然这么容易就可以实现。

故事穿越

飞机起飞前，一个乘客请求空姐给他倒一杯水服用感冒药。空姐考虑到飞机还没有飞行到平稳状态，于是很有礼貌地说：“先生，为了您的安全，请稍等片刻，等飞机进入平稳飞行状态后，我会立刻把水给您送过来，好吗？”

一刻钟后，飞机早已进入了平稳飞行状态。突然，乘客服务铃急促地响了起来，空姐猛然意识到：糟了，刚才因为太忙了，自己竟然忘记给那个乘客倒水了！当空姐来到客舱，看见按响服务铃的果然是刚才那个乘客。她小心翼翼地把水送到那个乘客跟前，面带微笑地说：“先生，实在对不起，由于我工作的疏忽，延误了您服药的时间，我感到非常抱歉。”这个乘客抬起左手，指着手表说道：“看看什么时候了，怎么回事，这就是你的服务态度吗？”空姐手里端着水，心里感到很委屈，但是，无论她怎么道歉、如何解释，这个挑剔的乘客都不肯原谅她的疏忽。

接下来的时间中，空姐为了补偿自己的过失，在每次去客舱给乘客提供服务的时候，都特意走到那个乘客面前，面带微笑地询问他是否需要水，或者是否需要其他帮助。但是，那个乘客余怒未消，摆出一副不合作的样子，并不理会空姐一次又一次的询问。

临到目的地之前，那个乘客要求空姐把乘客留言本给他送去，很显然，他要投诉这个忘记给自己送水的空姐。此时的空姐心里虽然特别委屈，但是仍然不失职业道德，显得非常有礼貌，而且面带微笑地说道：“先生，请允许我再次向您表示真诚的歉意，无论您提出什么意见，我都将欣然接受您的批评！”那个乘客脸色一紧，准备说点儿什么，却没有说出来，他接过留言本，开始在本子上写了起来。

等到飞机安全降落，所有的乘客陆续离开后，空姐胆战心惊地打开了留言本，却惊奇地发现，那个乘客在留言本上写下的并不是投诉信，相反，却是一封热情洋溢的表扬信。

到底是什么原因使得挑剔的乘客最终放弃了投诉呢？在信中，空姐找到了原因：“在整个过程中，您表现得十分有礼貌，特别是您的12次微笑，深深打动了我，从而让我最终决定将投诉信写成表扬信。您的服务质量特别高，下次如果有机会，我将依然乘坐你们的这趟航班！”

故事微语

空姐真诚的12次微笑感动了乘客，使一封“投诉信”变成了热情洋溢的“表扬信”，这是微笑的力量，微笑能缩短大家的距离，使人与人之间充满信任与感激。

生活也是这样，无论我们遇到多大的困难和挫折，无论一路上有多少艰辛和失落，只要我们能坚持住嘴角的那抹微笑，沉着应变，努力拼搏，用微笑营造内心的那份自信、恬淡，就一定能披荆斩棘、攻坚克难，最终克服一切困难，笑到最后。

心灵箴言

生活就是面对真实的微笑，就是越过障碍注视将来。

——雨果

当你微笑时，世界爱了他；当他大笑时，世界便怕了他。

——[印] 泰戈尔

当生活像一首歌那样轻快流畅时，笑颜常开乃易事；而在一切事都不妙时仍能微笑的人，才活得有价值。

——[美] 威尔科克斯

做一个拥有自知之明的平凡者

故事话题

战国时的齐国有一个人叫邹忌，他长得相貌堂堂，身高八尺，体格魁梧，十分惹引人注目。与邹忌同住一城的徐公也生得一表人才，是全国有名的美男子。

一天早晨，邹忌起床，穿戴好之后，信步走到镜子面前仔细端详自己全身的装束和自己的相貌。他觉得自己长得的确不同凡响、高人一筹，于是随口问妻子："你看，我与城北的徐公比起来，谁更漂亮？"他的妻子走上前去，一边帮他整理衣襟，一边微笑着答道："您长得那么好看，那徐先生怎么能跟您比呢？"邹忌心里不太相信妻子的话，因为住在城北的徐公是大家公认的美男子，自己恐怕没有他漂亮，所以他又转身问他的妾，说："我与城北徐公相比，谁漂亮些呢？"他的妾连忙说："大人您比徐先生好看多了，他哪能和您相比呢？"第二天，有客人来访，邹忌陪他喝茶聊天，忽然想起了昨天的事，就顺便问客人："您看我和城北徐公相比，谁更漂亮？"客人毫不犹豫地说："徐先生比不上您，您比他可要漂亮多了。"

邹忌做了这三次调查，大家一致都认为他比徐公漂亮。可是邹忌是个有想法的人，并没有就此认为自己真的比徐公更漂亮，也并没有暗自高兴。恰巧过了一天，城北徐公到邹忌家登门拜访。邹忌看到徐公的第一眼就被那气宇轩昂、光彩照人的形象镇住了。

两人交谈的时候，邹忌不住地打量着徐公。他自觉确实不如徐公漂亮。为了证实这一结论，他偷偷从镜子里面看了看自己，再调过头来瞅瞅徐公，结果更觉得自己长得比起徐公差多了。晚上，邹忌躺在床上，反复地思考着这个问题。既然自己长得不如徐公，为什么妻、妾和那个客人却都说自己要比徐公更漂亮呢？想了好久，他总算找到了问题的答案。邹忌自言自语地说："原来这些人都是在恭维我啊！妻子说我美，是因为偏爱我；妾说我美，是因为害怕我；客人说我美，是因为有求于我。看起来，我是受了身边人的恭维赞扬而认不清真正的自我了。"

故事解析

这则故事告诉我们，我们在一片赞扬声中的时候，一定要保持清醒的头脑，特别是居于领导地位的人，更要有自知之明，切不可被别人的夸奖而迷失方向。俗话说：人之为贵，在于有自知之明。自己明白自己的优势、弱势，这样才能扬长避短，不至于被虚伪的夸奖迷失自己。

自我陶醉要远比公开挑战更加危险。只有真正了解自己的长处和短处，避己所短，扬己所长，才能对自己的人生坐标进行准确无误的定位。当你认识到自己的缺点和不足的时候，也就意味着进步的开始。

一个敢于自己解剖的人，往往是有自知之明的。但是要做到这一点，却比较难，俗话说解剖别人易，解剖自己难，所以才有了“人贵有自知之明”的说法。

故事穿越

很久很久以前，有一只小屎壳郎，它有一面哈哈镜，不论谁照，都显得力大无比。这只小屎壳郎经常在这面奇特的镜子面前自我陶醉，它总觉得自己很了不起，举世无双，形象高大，力大无穷。它瞧不起其他任何动物，也不愿和其他屎壳郎玩耍，甚至不愿同它们开口说话。

它总是坐在粪球边上，装腔作势，搔首弄姿，有时候理理小胡子，有时候用爪子在地上拍打几下，然后把耳朵贴到地面上听一听地球是不是因此在抖动。

这小家伙根本不知道世界上能有谁比它更有力量。

小屎壳郎有一个饱经世故的奶奶，有一天奶奶告诫它：“好孙子，你可要注意，现在大家都说你太骄傲了，以为是动物中的佼佼者。你可要小心了，大象最不喜欢说大话的孩子。”

“大象？大象是个什么东西！你让它过来，我必然叫它有来无回！”

奶奶经得多，见识广，听了小屎壳郎的话，觉得很可笑。她说：“大象是世界上最庞大的动物之一，还没有听说有什么动物不怕它呢！”

小屎壳郎很不服气，大声嚷道：“大象比我还强大？这决不可能！”说完，它决定去寻找大象，同大象比个高低，证明给大家看。

在一块林间空地上，它遇见了一条正在打瞌睡的蜥蜴。

“你是大象吗？”屎壳郎问。

“不，我是小蜥蜴。”

“那算你走运，如果你是大象，我非让你碎尸万段不可。”

它继续往前走，又遇到了一只刺猬。

“喂，你大概是大象吧？”小屎壳郎问。

一提起大象，刺猬显得很胆怯，它连忙摇头否认说：“不，不！我可不是大象，我是刺猬。”

“那就算你运气好，不然的话，我非把你踩成烂泥不可。”

刺猬听见小屎壳郎自吹自擂，只是冷笑了一声。

小屎壳郎又跑向别的地方。刚走不远，它就看到树下有个怪模怪样的家伙，一副愁眉不展的样子，伏在地上一动不动。它想：“这可能就是大象，它看见了我，知道自己马上就要死了，所以才愁眉不展。”

小屎壳郎轻蔑地问了一声：“喂！小子，你是不是大象？”

那个动物笑着回答：“我不是大象，我是小狗——是世界主宰者的忠实的伙伴。”

“谁是世界的主宰？”

“当然是人。”

“原来如此。算你幸运，如果你是大象，难免一死。只是我要你记住，世界的唯一主宰者是我，而不是人！你最好收回自己方才说过的话。”

狗想嘲弄一下这位吹牛大王，于是说道：“你说的话对极了，伟大的屎壳郎，连人类的粪都需要你效劳。”小狗说完便走开了。

小屎壳郎继续往前走，来到了密林深处。它看到了一个动物像小山一样高大，腿像大树的树干，耳朵要比奶奶的蒲扇大得多。

“你是大象吗？”目空一切的小屎壳郎倾尽全身的力气高声喝问。

大象往四面张望了一下，什么也没有看见。只是当小屎壳郎跳到一块大石头上的时候，大象才发现了它。

“是的，我是大象。”

“你胆敢嘲笑我，无视我的存在！你还吓了我一跳！”小屎壳郎用小爪子拍打着石头，大声尖叫着。

小屎壳郎的愤怒并没有对大象起到任何作用，大象泰然自若，无动于衷。它不慌不忙地吸满了一鼻子水，把水喷向狂傲不堪的小屎壳郎。一股巨大的水柱把小屎壳郎从石头上冲了下来，小家伙灌了满满一肚子的水，差点儿被呛死。

小屎壳郎终于醒悟过来，勉强地爬出水洼。它完全没有料到和大象的决斗竟会这样收场。

它一步一个踉跄地回到了家。

故事微语

没有自知之明的小屎壳郎看到哈哈镜里的自己，就以为自己真的像镜子里的样子高大强壮了，这不是自欺欺人吗？真正强大的大象却十分谦虚，一点儿都不声张。因为强者自强，它们是根本不需要自夸的。

我们也要做拥有自知之明的人，盲目地自夸自大不仅不会让别人对自己产生尊敬，反而在最后会因此受到惩罚。

心灵箴言

对自己的不满足，是任何真正有天才的人的根本特征之一。

——[俄] 契诃夫

当你意识到自己是个谦虚的人的时候，你马上就已经不是个谦虚的人了。

——[俄] 列夫·托尔斯泰

伟大的人是决不会滥用他们的优点的，他们看出他们超过别人的地方，并且意识到这一点，然而决不会因此就不谦虚。他们的过人之处越多，他们越认识到他们的不足。

——[法] 卢梭

不必追求别人拥有的“美好”

故事话题

一个挑水夫，有两个木桶，分别吊在扁担的两头，其中一个木桶有一条裂缝，另一个则完好无损。在每次长途挑运之后，完好无缺的木桶，总是能将满满一桶水从小河边送到主人家中，但是有裂缝的木桶到达主人家时，每次都只剩下半桶水。

两年来，挑水夫就这样每天挑一桶半的水到主人家。当然，好木桶对自己能够送满整桶水感到很自豪。破木桶呢？对于自己的缺陷则非常羞愧，它为只能负起责任的一半感到非常难过。

两年后，破木桶终于再也不想忍受内心的煎熬，在小河旁对挑水夫说：“我很惭愧，必须向你道歉，你再重新找一个木桶来接替我吧。”“为什么呢？你为什么觉得惭愧？”“过去两年，因为我的缺陷，所以水一直从我这边漏，我只能送半桶水到你的主人家，这导致你做了全部的工作，却只收到一半的成果。”破木桶说。挑水夫替破木桶感到难过，他很有爱心地说：“我们回到主人家的路上，我要你留意路旁盛开的花朵。”

果真，他们在回来的路上，看到了很多缤纷的花朵，开满路的一旁，沐浴在温暖的阳光之下，这景象使破木桶高兴了很多！但是，走到小路的尽头，它又难受了，因为一半的水又在路上漏掉了。破木桶再次向挑水夫道歉。挑水夫温和地说：“你有没有注意到小路两旁，只有你的那一边鲜花盛开，好木桶的那一边却没有一株花？我明白你有缺陷，因此我在你那边的路旁撒了花种，每回我从河边回主人家的路上，你就替我一路浇了花。两年来，这些美丽的花朵装饰了主人的餐桌。如果不是因为你的缺陷，主人的桌上也没有这么好看的花朵啊！

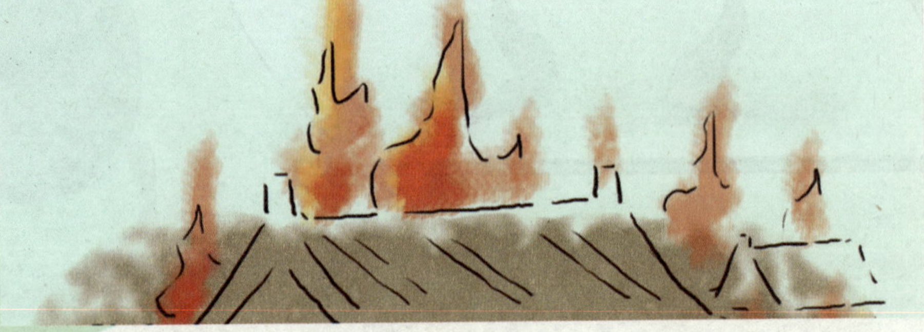

故事解析

好木桶可以给主人满满的一桶水，而有裂缝的木桶却只能给主人半桶水，在这方面好木桶却是承担了更多的责任。但是，正是因为有裂缝的木桶不够“美好”，却一路浇花，而使得美丽的花朵装饰了主人的餐桌。

我们不也是如此吗？何必追求别人拥有的“美好”呢？我们或许没有美好的歌喉，所以我们把练歌的时间放到学习或者体育上，照样也可以成为其他方面的人才；我们或许没有殷实的家庭，正是因为没有这个依靠，反而让我们更加努力地拼搏，让我们自身变得更有能力。

每个人都是独一无二的，都会或多或少地拥有别人没有的“美好”，我们不要总是艳羡别人拥有的美好，却看不到自身的闪亮点。

故事穿越

清朝乾隆时期，有一个大臣上书给皇帝：顺天府乡试贡院大殿匾额上的三个大字“至公堂”是严嵩所书。顺天府乡试为“北闱”，是天下乡试第一，在这样一个为国家选拔优秀人才的堂皇之所，竟然悬挂的是大明奸臣严嵩的书法作品，一是显得我大清没人了，另外也不利于树立以德治国的风向标。乾隆帝听后感觉很有道理，于是下令满朝能书者写这三个大字，选出最好的作品以代替之。

乾隆不仅让别人书写，自己也禁不住提起笔来。他素来好舞文弄墨，每到一地、每经一事都要吟诗作赋，挥笔题字也属于手到擒来，至今乾隆留存下来的诗有一万余首，虽说精品不多，但才气相当不错。他师法颜真卿、柳公权、赵子昂、董其昌等的正统书法风格，尽显雄浑、厚重，充满阳刚大气的帝王气象，即使在今天看来，也是难得的上品之作。

等收集完了满朝文臣所书的作品，加之自己的御笔，在经过认真比对之后，竟然发现其中没有任何一件作品可以与严嵩的作品相提并论。乾隆叹了口气，下令将所有作品尽毁，仍然让严嵩的字高高悬挂。

就乾隆一生的成就而言，他应该是一个傲气十足的人，但面对前明朝奸臣严嵩的题字，他竟然能就书法论书法，没有因人废字，在此表现出难得的清醒，这才是他能成为开创康熙盛世的最好注解。

故事微语

乾隆一生有很多成就，肯定有很多的成就是别人可望而不可及的，而别人同样拥有“美好”，却恰恰是这些成就里面没有的。如果一味地追求别人所拥有的“美好”，必然会忽视自己本身所拥有的“美好”，到最后必然是适得其反——“丢了西瓜，捡了芝麻”。

每个人的精力都是有限的，只要真正地能抓住自己所拥有的“美好”，我们的人生就不会平凡。没必要事事与人相争，论个高下。

心灵箴言

嫉妒是心灵的野草，它妨碍健康的思想生成。

——佚名

如同钢铁被铁锈腐蚀一样，妒忌者被自己的激情消耗掉。

——佚名

嫉妒是一种游荡的情欲，在大街上徘徊而不肯居家，所谓“未有好管闲事而不心怀恶意者也”。

——[英] 培根

过度谦虚如外溢的流水

故事话题

水牛爷爷是森林世界里公认的最谦虚的动物，很受大家的尊重。小蟑螂夸它："水牛爷爷的劲儿最大了！""唉，小蟑螂，你可别这么说，犀牛、野牛的劲儿都比我大。"小松鼠夸它："水牛爷爷贡献最多了！"它就说："唉，小松鼠，你可不能这样讲，奶牛吃下的是草，挤出来的是奶，它的贡献比我可多多了。"

狐狸福瑞很羡慕水牛爷爷有为人谦虚的美名。它琢磨了一下说："我想让大家都知道我也很谦虚，这谦虚实在是太好学了。"它想："水牛爷爷的谦虚就是注意这两点：一是把自己说得小一点儿，二是把自己说得少一点儿。嗯，对！就是这样。"

一天，福瑞遇到一只小兔子。小兔子看到福瑞有一条火红蓬松的大尾巴，不禁发出了由衷的赞美："哎呀，福瑞大叔，您的尾巴真大呀！"福瑞学着水牛爷爷的口气，歪歪嘴说："唉，过奖了，你们兔子的尾巴比我大多了。""啊，什么？"小兔子吓了一跳："你长那么长的四条腿，却拖根比我还小的尾巴？"福瑞谦虚地说："哎，小兔子，不要这样讲，我哪有四条腿，三条，我只有三条腿啦。"小兔子以为福瑞得了神经病，就吓跑了。

福瑞的谦虚没有换来美名，倒换来一大堆谣言。动物们都说："唉，森林世界出了一条妖怪狐狸，只有三条腿，还拖着一根比兔子还小的尾巴……"

故事解析

福瑞的谦虚不仅没有换来美名，反而换来一大堆的谣言，这其实就是过分谦虚惹的祸。福瑞的过分谦虚歪曲了事实，水牛爷爷的谦虚是不自大、不虚夸，不爱出风头，不自我标榜，也不高傲，认为自己所做的或者

所达到的水平与别人相比还是很一般的，并不是盲目地自贬，而失去事情本来的面目。

谦虚本是中华民族的传统美德，是我们每个人必学的功课，但是一定要拿捏好分寸，不要盲目地自谦自贬，导致事情大幅度地失真，反而让人觉得愚昧可笑。

故事穿越

在古时候有个国家叫齐国，齐国有个叫黄公的人，为人特别喜欢谦虚，有时候可以说是过分地谦虚。

他有两个女儿，都是全国少有的美女，因为她们太美丽了，黄公就贬低她们，说她们极其丑陋。长此以往，丑陋的名声就传开了，以致她们的年龄都特别大了，还没有来迎娶的人，这让这两个美女感觉很难堪。

远在卫国有个很老了还没结婚的人，也过了正常的结婚年龄，于是冒失地把他的一个女儿娶去，却发现她是一个绝色佳人，特别高兴，以后逢人就说："黄公喜欢谦虚，故意贬低女儿，说她们长得不美，事实上她们长得非常漂亮。"

人们在听说这件事以后，争先恐后地送聘礼来求婚，于是把黄公的另一个女儿也娶了去，发现她果真也是个漂亮无比的美人。

故事微语

谦虚过度和妄自尊大一样都是很严重的错误。盲目地谦虚就像梦中的呓语，没有实际意义；怯懦地谦虚则压抑了人的个性，损伤人的自信；矫情地谦虚，不但不会赢得别人的敬爱，反而会让人厌烦。黄公如此谦虚，歪曲了事实的真相，于是所有的人都被蒙在了鼓里，以为他的女儿们都长得丑陋不堪，致使他的两个女儿在该结婚的年龄也没能找到自己的如意郎君。

过分地谦虚并不是好事，反而歪曲了事实，导致了可怕的后果。如果黄公没有如此的"谦虚"，恐怕女儿们早就找到了自己的如意郎君。有时候过分地谦虚会让人觉得虚伪不堪。

心灵箴言

君子泰而不骄，小人骄而不泰。

——孔子

切忌浮夸铺张。与其说得过分，不如说得不全。

——[俄] 列夫·托尔斯泰

一个真熟悉自己的人，就没法不谦虚，谦虚使人的心缩小，像一个小石卵，虽然小，而极坚固。坚固才能老实。

——老舍

眼界宽一些，换个角度看得失

故事话题

有一个投资者，和朋友一起来到大西北，准备合资建设一条生产石板材的生产线。

可到达目的地后发现这里虽然有大好的石矿资源，但是市场前景不容乐观。因为大西北经济发展水平普遍较低，居民们的家庭装潢很少用价格昂贵的花岗岩。

投资者在那里考察了一段时间，觉得这不是自己一展宏图的地方，他放弃了自己最初的想法，回到东南沿海去发展了。

他的朋友却看中了这里丰富的石矿资源，在当地办起了轧石厂，这些小石子只能用来给附近的村民造屋和铺路用。

投资者劝告朋友，这不是赚钱之道，这样做的结果只能是浪费时间和金钱。如果在别的地方搞一个好的项目，只要适销对路，不出几年就能成为百万富翁。

朋友没有听从投资者的劝告，努力办好他的轧石厂。

几年后，开发大西北的号角在全国吹响了。他的轧石厂有了新机器，因为开发大西北必须加大道路建设，所以碎石成了抢手货。

投资者听到消息后，赶到西北，他和当地政府进行洽谈，他想投资建设一家大型的轧石厂并洽谈建设板材生产线的计划。

但是，投资者被告知，他的朋友已把合作意向书提交给当地政府的有关部门，而且现在已经审批立项了。

现在，投资者的朋友已是一家大型建材公司的总裁，资产逾亿元。没有人会想到一个轧石厂的老板可以在短短几年内摇身一变成为一家大企业的老总。

如果当年他不以低姿态在贫困的大西北待下来，而转走他方，他就不可能有如今的成就。

故事解析

投资者的朋友的眼界显然要比投资者高很多，一个人要想获得成功，就必须以多个角度看得失，不要总是以高姿态来要求，因为在这个竞争激烈的社会中，成功的机遇并不是以高姿态就能抓住的。如果你换一种方式看得失，你就会发现隐藏着的希望，就像地底涌动的岩浆。

我们在平时也要学会开阔自己的眼界，不要斤斤计较眼前的得失，不要一味地追求立竿见影的效果，很多成功和收获只有在你换个角度看的时候才会发现。一味地以一个角度看问题，终究不会把事情看得全面，所以就不会取得意想不到的收获。

故事穿越

三国时期，诸葛亮一把火烧光了曹操的83万大军，曹操只好败走华容道，此时他的身边仅剩18个人。残兵败将，自然是丢盔弃甲，狼狈不堪，可是这里面却有个伙头军——就是现在的炊事员，身后还背着一口几十斤的大铁锅。曹操不解，问其缘由。那伙头军答道，夜里大火一起，大家纷纷逃命。吴军从后面追来，为了跑得快，大家丢盔弃甲，只有他舍不得这跟随他十几年的铁锅，就把它背在背上。同伴儿都劝他丢下铁锅快跑，逃命要紧。但他舍不得丢，只好背着沉重的铁锅逃命。

吴军开始放箭，周围的同伴儿都被箭射中了，死的死，伤的伤，只有这个伙头军因为背着铁锅，所以才免于被箭射中，逃过一劫。

逃到河边，刘备的军队追杀了过来，大家争相下河逃命。但是河水异常湍急，身轻的人站不住脚，都被河水卷走了。这个伙头军因为背着沉重的铁锅，所以才稳步涉水，逃到了对岸。

跑了许久，在休息的片刻，他用铁锅烧河水煮马肉，填饱了肚子，有了力气，终于追随曹操逃离险境。

曹操听到这个消息后，重赏了这个伙头军。

故事微语

炊事员在打败仗后依然没有丢掉身上的大铁锅，最后还是这个“累赘”救了自己。很多时候负担不一定是无用的累赘，负担有时候可以让你在困境里变得更加坚忍、更加有力。这要看你从哪个角度来看问题。

如果炊事员像其他的兵一样丢盔弃甲，仓皇而逃，结果生还的几率必然微乎其微。我们的人生也是这样，很多时候在大家眼中的“累赘”反而帮了自己，有些人觉得走回家或者骑自行车回家太累，于是换成坐公交车或者打车，殊不知却错过了看清这世界的蓝天白云，错过了聆听世界的天籁之音。

心灵箴言

眼界要阔，遍历名山大川；度量要宏，熟读五经诸史

——金缨

人生的价值，庸夫用享乐多少来衡量，英雄用创业多少来计算。

——佚名

持身不可太皎洁，一切污辱垢秽，要茹纳得；与人不可太分明，一切善恶贤愚，要包容得。

——洪自诚

人生路漫漫，有所为有所不为

故事话题

日本作家川端康成获诺贝尔奖后，受名气之累，常被官方、民间拉去做一些事情。文人天真而不擅应酬，心慈面软，学不会推托。做事又太过认真，不懂敷衍这些乱七八糟的事情，于是被迫陷进了忙乱的俗世重围，最终选择了自杀，草草了却此生。据报道，川端康成临终前，曾为筹措笔会经费而心力焦瘁。这使他情绪经常低落，可能是促使他厌世自杀的原因之一。

当然，对一位作家来说，可以获得诺贝尔奖，这已经是最高的荣誉了。但如果因此而被卷入使他烦闷不堪的琐事，再也不能宁静度日，那么，这绝对算不上一件好事情。如果不受琐事所累，那么以他丰富的智慧，可能还会有其他优异的作品流传于世。

梭罗曾经为了书写一本书，去森林中度过了两年的隐士生活。他亲自耕种，并以种豆和玉粟为食，摆脱了一切剥夺他时间的琐事俗务，专心写书，认真去体验林间湖上的景色和他心灵所产生的共鸣。从这里发现了一些道理，而完成了《湖滨散记》这本名著。

故事解析

很多人会经常叹息生活忙乱，负担沉重。诚然，人生有许多负担是推不开的，但是，在这些负担之中，有许多是不必要的。

有人因为贪多求全，或是太顾面子，反而让自己顾此失彼。有些人在除了自己分内该忙的事情外，更要忙可忙不可忙的，如忙应酬、忙客套。事实上，只要能摆正心态，做到君子有所为有所不为，便可以轻松地将这些麻烦抛之于脑后。

我们在人生的道路上也要学会有所为有所不为，将名利看得淡一些，舍去这些没必要的麻烦。

故事穿越

贾植芳先生是我国著名的现代文学史研究专家和作家，复旦大学教授，博士生导师。他的一生非常坎坷，自我评价是“不是学问中人，而是社会中人”，他曾被误打成“胡风分子”。但是先生的一腔热血和爱国之情却始终如一。20 世纪 80 年代初终于被平反，重执教鞭，桃李满天下。

先生一生 4 次入狱，前后一共在狱中生活了 25 年，历尽了人世间的风雨沧桑。虽已到耄耋之年，但他仍恬静淡然。他睿智的勇气和宽阔的胸襟，正是他在阴暗的牢狱中所练就的；他那正气浩然的品性，正是他闪光的人格的体现；他那深明大义的思想，正是他漫漫人生坎途上的积累。当贾老的人格、学问和风骨享誉海内外的时候，贾老却以极为平常的口气回答记者的提问：“知识分子最重要的就是道德人格，有所为有所不为。我活了八十多岁了，能在回顾往事时觉得并未糟蹋人生，这就够了。”

从贾老的回忆录中可以看出他对历史和现实、对社会和人生、对知识和学问的深邃思考及忠于友情的人格，还有“生命不止，战斗不已”的执着精神。透过这些被历史深刻雕琢的文字，我们可以看到中国知识分子的灾难史，这本书也真实地反映出贾老那一代知识分子的生活、希冀和企求。

故事微语

八十多岁的贾植芳老先生在回味漫漫人生路上得出这个结论：有所为有所不为。这不也是我们需要学习的吗？试想一下，我们在平时有多少事情是没必要做的，因为这些没必要的事情浪费了我们多少宝贵的时间！如果把这些时间放到“有所为”的事情上，那么我们的人生现在又是什么样子呢？

人生需要做的事情原本就已经很多，如果我们将时间和精力放到没必要的事情上，那么这将是一件多么可怕的事情啊！

心灵箴言

非不能也，是不为也。

——孟子

有所不为，为无不果。有所不学，学无不成。

——王安石

唯能不为，是以可以有为，天所不为者，安能有所为耶？

——朱熹

第四篇

重视学问，默默地在心中修篱种菊

前辈的学者常以学问的趣味启迪后生，因为他们自己也确实是得到了学问的趣味，故不惜现身说法，诱导后学，使他们在愉快的心情之下走进学问的大门。而每天做学问，就像默默地心中修篱种菊，例如，梁任公先生就说过：“我是个主张趣味主义的人，倘若用化学化分“梁启超”这件东西，把里头所含的一种元素叫‘趣味’的抽出来，只怕所剩下的仅有个零了。”

智慧的树根就扎在谦逊的土壤里

故事话题

克林顿在担任美国总统期间，有一次，到一家一家医院视察工作，一个十多岁的孩子从人群中挤到总统跟前，呆呆地看着总统，却什么话也不说。

克林顿弯下腰来问：“孩子，你有什么事吗？”小孩儿不好意思地说：“我想得到总统先生的签名，您能满足我吗？”克林顿高兴地答应了孩子。

签完名后，孩子看着这张签名突然又说：“总统先生，可以再给我签3张吗？”克林顿纳闷儿地问：“你为什么要那么多？”孩子说：“我只想要一张您的签名，但我还想用另外3张去换一张迈克尔·乔丹的签名照。”面对孩子冒犯的话语，在场的所有人一时都不知如何是好。

但克林顿很快就笑着说：“完全可以。我有个侄子也喜欢迈克尔·乔丹，我想再给你签6张，请你替我的侄子也换一张迈克尔·乔丹的签名照，行吗？”孩子特别高兴地答应了，之后克林顿又给孩子签了6张。此时，人群中响起了愉快的笑声。

故事解析

用自己的3张签名去换球星的一张签名，且不说是总统，就是平常人也会感到有些“意外”，这是“掉价”啊！可当时身为总统的克林顿，面对孩子的天真“挑战”，他没有不高兴，没有急躁和发怒，也没有回避、不睬和拒绝，反而巧妙地处理好了这件事情，充分地展现了克林顿的谦逊、应变能力和交际智慧。

总统的谦虚态度，既满足了孩子的愿望，又淡化了总统身份，轻松化解了自己的“尴尬”，还圆了侄子得到明星签名照的梦，赢得了现场的掌声，真可谓一举多得。

很多时候谦逊的态度中都隐含着极大的智慧，既是与人相处的法宝，也是化解矛盾和尴尬的一种途径。

故事穿越

有个留学生在获得博士学历后开始找工作，但是被多家公司拒之门外。万般无奈，他收起所有的学历证明，以高中毕业生的身份再去求职。

不久，他被一家电脑公司录用，成为一名最基层的程序录入员。

没过多久，上司就发现他的才华不同凡响，竟然能指出程序中的错误，这绝非一般录入员所能比的。这时他亮出自己的学士学位证书，老板于是马上给他调换了一个与之对口的工作。

过了一段时间，老板发现他在新的岗位上也可以游刃有余，能提出很多有价值的看法。这时博士亮出自己的硕士身份，老板于是再次提升了他。

有了这两次的事情，老板开始特意观察他，发现他还是比硕士的水平要高得多，于是再次找他谈话。此时他拿出博士身份，并解释了自己这样做的原因，老板恍然大悟，不假思索地重用了他，并给了他很高的薪酬待遇。

故事微语

在适当的时候放低自己的姿态，是一种智慧。它与你的道德和气节没有任何关系。当我们遇到很低的门框的时候，昂首挺胸地过去必然会使脑袋碰出一个大包，明智的做法只能是弯一下腰，低一下头，此时很轻松地就过去了。

自古以来，凡成大事者都懂得放低姿态。周文王弃王车陪姜太公钓鱼，灭商建周而成就一代君王；刘备三顾茅庐请出诸葛亮为军师，成就三国鼎立。这些都是我们耳熟能详的典故，如果没有周文王及刘备的低姿态哪能求得赫赫成就？

学会在适当的时候做到低姿态，决不是懦弱的表现，而是一种大智若愚。放低姿态既是一种行为，也体现了一种态度，我们需要学习谦恭、礼让，还要学习盘旋着上升，这既是人生的一种品位，也是境界，让我们脚踏实地地攀上成功的高峰。

心灵箴言

一切真正的和伟大的东西，都是纯朴而谦逊的。

——[俄] 别林斯基

九牛一毫莫自夸，骄傲自满必翻车。历览古今多少事，成由谦逊败由奢。

——陈毅

谦虚的学生珍视真理，不关心对自己个人的颂扬，不谦虚的学生首先想到的是炫耀个人得到的赞誉，对真理漠不关心。思想史上载明，谦虚几乎总是和学生的才能成正比例，不谦虚则成反比。

——[俄] 普列汉诺夫

人生需要知识来不断完善

故事话题

梅兰芳作为一代京剧大师，不仅在京剧艺术上的造诣很深，而且在绘画上颇有研究。他拜名画家齐白石为师，虚心求教，总是执师生之礼，经常为白石先生磨墨铺纸，全不因为自己是著名演员而怠慢老师。

有一次齐白石和梅兰芳同到一位朋友家做客，白石先生先到，他布衣布鞋，其他宾朋都穿着西装革履或长袍马褂，白石先生显得有些寒酸，不引入注意。不久，梅兰芳到，主人高兴相迎，其余宾客也都蜂拥而上，同他拥抱握手。可梅兰芳早就知道白石老先生也来赴宴，便四下环顾，寻找老师。忽然，他看到了被冷落在一旁的齐白石，他就立刻挤出人群向白石先生恭恭敬敬地叫了一声“老师”，向他致意问安。在座的人见状非常惊讶，白石先生深受感动。一段时间后特地向梅兰芳馈赠《雪中送炭图》并题诗道：“记得前朝享太平，布衣尊贵动公卿。如今沦落长安市，幸有梅郎识姓名。”

梅兰芳还曾经拜普通人为师。他有一次在演出京剧《杀惜》，众人都在大声喝彩，他却听到有个老年观众说“不好”。梅兰芳来不及卸装更衣就用专车将这位老先生接到家中，恭敬地对他说：“说我不好的人，是我的老师。先生说我不好，必有高见，定请赐教，学生决心亡羊补牢。”于是，老人指出：“阎惜姣上楼和下楼的台步，按梨园规定，应是上七下八，博士为何八上八下？”梅兰芳方才恍然大悟，连声道谢。以后梅兰芳经常请这位老人观看他的演出，请他指正，并一直称他为“老师”。

故事解析

人生就是一个不断自我完善的过程，我们在不断地吸取营养，不断地拔高成长。梅兰芳作为京剧大师仍在不断地学习、自我完善。正是因为金无足赤，人无完人，每个人需要学习的知识都特别多。

没有人的人生是完美的，也没有人是完美的。我们每个人都会存在不足，只有用知识来不断完善自我，才能不断地提升自己，取得更大、更好的成绩，如果在取得一定的成绩以后不再学习新的知识，不在完善自我，必将被世界淘汰。

故事穿越

1902 年，童第周出生在浙江鄞县的一个贫穷的山村里里。直到 17 岁，他才在二哥的帮助下，进了宁波师范预科。第二年，他转学进了教会创办的效实中学。童第周因为基础差，转学第一学期，平均成绩才 45 分。学校建议他退学或降级，但是他向校长多次请求跟班继续试读一学期。学校勉强同意后，他便开始以惊人的毅力，去攻克遇到的各种难关。第二学期，他总平均分达到 70 多分，几何还考了 100 分。进入大学后，他学习更加勤奋，基础越来越扎实。临近毕业时，他已经是老师和同学公认的高才生。

28 岁那年，童第周在亲友的资助下，远赴比利时求学，跟着布拉舍和达克教授深造。初到之时，童第周受到很多歧视。后来，布拉舍教授要做一种剥除青蛙卵膜的手术。这种手术特别难，布拉舍花了好几年的时间还没有搞成。但是，童第周却不声不响地搞成了，这下子震动了他的欧洲同行。布拉舍兴奋地说："童这个小个子真行！"

故事微语

童第周之所以会取得这么大的成绩，就是因为在人生路上不断地刻苦学习，在困难面前不低头、不害怕、不逃避，反而坚强地面对，尽己所

能，克服种种困难，努力学习。

对于广大青少年来说，要想拥有一个美好的前途，就不能害怕人生道路上的艰难险阻，不要让任何事情干扰了自己的目标，要围绕自己的目标刻苦学习，坚定不移地去为自己的目标奋斗。不断地用知识完善自我，不断地学习新的知识。

心灵箴言

学无止境。

——荀子

不知则问，不能则学。

——董仲舒

学而不厌，诲人不倦。

——孔子

非学无以广才，非志无以成学。

——诸葛亮

在学问方面，任何人都能成为老师

故事话题

孔子是我国古代著名的大思想家、教育家，他学识渊博，但从不骄傲自满。春秋时期，他和他的学生们开始周游列国，宣传他们的政治主张。

一天，他们驾车去晋国。一个孩子在路当中堆碎石瓦片玩，挡住了他们的去路。

孔子说："你不该在路当中玩儿，挡住我们的车！"

孩子指着地上说："老人家，您看这是什么？"孔子看了看，是用碎石瓦片摆的一座城。

孩子又说："您说，应该是城给车让路还是车给城让路呢？"孔子被问住了。

孔子认为这孩子很懂得礼貌，便问："你叫什么？几岁了？"孩子说："我叫项橐，7岁！"

孔子对学生们说："项橐7岁懂礼，他可以做我的老师啊！"

去晋国的途上，遇到一个7岁的孩子拦路，要孔子回答两个问题才让路。

其一是：鹅的叫声为什么大？孔子回答："鹅的脖子长，所以叫声大。"

孩子说："青蛙的脖子很短，为什么叫声也很大呢？"

孔子无言以对。

他惭愧地对学生们说："我不如他，他可以做我的老师啊！"

故事解析

孔子作为我国著名的大思想家、教育家，学识渊博，却将7岁的孩子作为老师，我们不是也应该时刻保持谦虚的态度，向别人学习吗？

一个人无论年龄大小，总会知道一些我们所不知道的知识，都可以成为我们人生路上的老师，只有保持谦虚的态度，努力向大家学习，才能成为知识渊博的人，而一个盲目地自高自大、狂妄不堪、目中无人的人，不会有大智慧。

我们在平时也要努力向别人学习，无论是在学习或者生活上，做到虚心向他人学习，努力也让自己成为有文化、有知识的人。

故事穿越

竺可桢又名绍荣，字藕舫。我国著名的科学家、爱国教育家、科学家、地理学家和气象学家，也是我国近代地理学和气象学的奠基人。

在他逝世两个星期前的一天，当他得知外孙女婿要来看望他的时候，便迫不及待地让他讲授高能物理基本粒子的基本知识。

老伴儿劝他："你连坐都坐不住，还问这些干什么？"竺可桢听了老伴儿的话，一边咳嗽一边说："不成，我知道得太少。"

一个闻名中外的大科学家，竟在84岁的高龄，在生命垂危之际，先后五次向晚辈求教，"补充知识"，孜孜不倦。

故事微语

竺可桢作为闻名的科学家、地理学家和气象学家，尚能说出"我知道得太少"，是一种谦逊好学、甘拜人师、永不满足的学习精神。这不正是中华民族的传统美德吗？

竺老在气象学上辛勤耕耘，几十年如一日地进行观察研究，一生取得了很多成就。可是他在学问面前，一点儿都没有骄傲，还是孜孜不倦，向一切可以请教的人学习，这一传统美德在一个大科学家身上得到了生动体现，这也正是他能走向生命光辉顶点的重要原因之一。

心灵箴言

尺有所短，寸有所长。

——屈原

闻见广则聪明辟，胜友之而学易成。

——魏源

三人行必有吾师，择其善者而从之，择其不善者而改之。

——孔子

不耻下问，成为智慧的携带者

故事话题

在古时候的卫国有一个大夫叫孔圉，从小特别聪明好学，更加难能可贵的是，他是一个非常谦虚的人。

在孔圉死后，卫国国君为了发扬他谦虚好学的精神，以便让后人学习，因此特别赐给他一个称号叫“文公”。后人就尊称他为孔文子。

孔子的学生子贡也是卫国人，他认为孔圉根本配不上那么高的评价。

有一次，他问孔子：“孔圉的学问及才华虽然特别高，但是比他更杰出的人有很多，凭什么赐给他‘文公’的称号呢？”

孔子听后微笑着说：“孔圉非常勤奋好学，脑筋聪明且灵活，一旦有任何不懂的事情，就算对方地位或学问不如他，他都会大方而谦虚地请教，并不会因此而感觉羞耻，这就是他难能可贵的地方，因此赐给他‘文公’的称号并不会不恰当。”

经过孔子的一番解释，子贡终于服气了。

故事解析

不耻下问就是不把向学问、地位等不如自己的人请教当作是可耻的事。孔圉之所以被赐为“文公”就是这个道理。敏而好学、不耻下问是中华民族的传统美德，从古至今都受到人们的赞颂。

聪明的人学问越多越会不耻下问。诸葛亮是我国著名的政治家、军事家，从古至今他的聪明才智一直被大家所佩服、赞叹，从他的文章《与群下教》可以看出，丞相府需要幕僚，就是为了汇集大家的才智来更好地工作。

古人尚能不耻下问，我们也要继续提倡和发扬这种精神。获取更多的知识，必须常开口，“遇事一问，必长一智”。在这个“知识爆炸”的年代里，如果学不会“敏而好学，不耻下问”，那么自己的知识锦囊也不会被装得更饱满。

故事穿越

俄国化学家罗蒙诺索夫，1711年出生在霍尔莫果尔海滨的一个渔民家里。少年时代，他的主要任务就是帮助父母干活。但他渴望学习更多的知识，在故乡阅读了周围所能找到的全部书籍。

19岁那年，他离家出走。由于当时的学校是为贵族家的孩子开办的，他为了求学只好冒充贵族子弟，并最终考入莫斯科的斯拉夫·希腊·拉丁语学校。

在学校里，他过着极为贫穷的日子，一大片面包和一碗酸饮料常常就是他一整天的食物，但他依然顽强地学习。因为不懂拉丁文，他被安排坐在了最后一排。

班里大都是十三四岁的孩子，于是他们经常嘲笑他："二十来岁的大傻瓜来学拉丁文真是太可笑了！"

但罗蒙诺索夫面对老师的安排、同学的讥笑装作不知道，只是专心听讲，虚心向所有可以帮助自己的人求教，学习拉丁文造句。

后来，他因为卓越的才干和优异的拉丁文水平被派往德国学习。罗蒙诺索夫终于由一个渔民家的孩子成为一位著名的科学家。

故事微语

俄国化学家罗蒙诺索夫的成就，和他的虚心求教、不耻下问的精神是分不开的。如果他只考虑到个人的地位得失，不愿意向学问或者年龄不如自己的人请教，那么所积累的不懂的知识就会越来越多，也就不可能取得之后的优异成绩。如今，我们只有不耻下问，才能不断积累知识，更好地丰富、提高自己。

任何领域都有许多我们尚不了解的事情，任何人身上都有我们可以学习的地方。只要虚心地向他人求教，就可以学到我们需要的东西。

心灵箴言

有教养的头脑的第一个标志就是善于提问。

——[俄] 普列汉诺夫

我的努力求学没有得到别的好处，只不过是愈来愈发觉自己的无知。

——[法] 笛卡儿

好问的人，只做了五分种的愚人；耻于发问的人，终身为愚人。求学的三个条件是：多观察、多吃苦、多研究。

——佚名

越是学习，越发觉得自己渺小和无知

故事话题

唐伯虎是明朝著名的画家和文学家，被誉为“吴中四才子”之一，他在小的时候在绘画方面就表现出了过人的才华。

后来，唐伯虎拜在大画家沈周门下学习绘画。

唐伯虎拜师后学习自然更加勤奋，再加上深得沈周的真传，掌握绘画技艺特别快，深受沈周的表扬。不料，由于沈周的表扬，导致一向谦虚的唐伯虎也渐渐地产生了自满的情绪，沈周看在眼中，记在心里，并没有当着唐伯虎的面讲大道理。

一次，沈周让唐伯虎去打开窗户，唐伯虎于是去开窗户，却发现自己手下的窗户竟是老师沈周的一幅作品，唐伯虎感到非常惭愧，从此之后更加潜心学习，博采众长，革新创造。最后形成自己独有的画风，终于成为我国著名的画家。

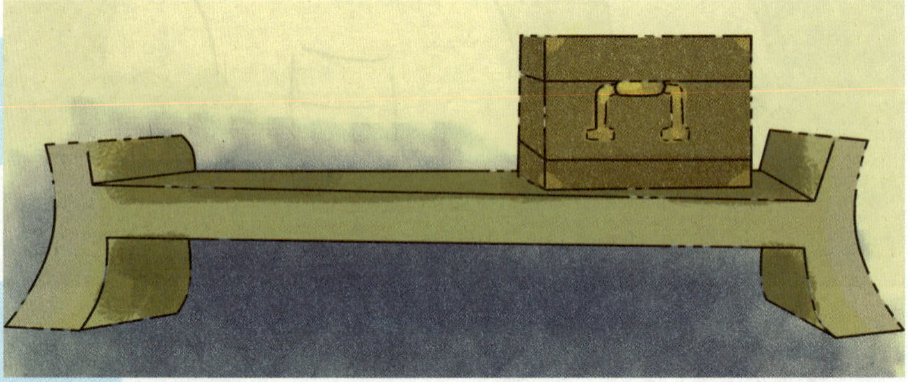

故事解析

越是学习，越发现自己的渺小和无知。笛卡尔说过：“哲学家芝诺不是解释过，他曾画了一个圆圈，圆圈内是已掌握的知识，圆圈外是浩瀚无边的未知世界。知识越多，圆圈越大，圆周自然也越长，这样它的边沿与外界空白的接触面也越大，因此未知部分当然显得就更多了。”

学无止境，我们的一生要学的东西特别多，学习有利于人生的进步和生活的充实，我们要学会谦虚、谨慎。越学习越觉得自己的无知和渺小，

因此自己的感悟和收获就越大。这样自己才能取得更多更大的成绩，而不至于在一点点成绩面前就产生骄傲自满的情绪，以致停滞不前。

著名学者笛卡尔曾经说过：“愈学习，愈发现自己的不足。”是的，只有学习，才能不断扩大知识领域，扩充知识面，储蓄更多的能量，才能真正感悟到“知也无涯”的深刻含义。因此，我们既不要妄自菲薄，也不要妄自尊大，要做到谦逊，不断努力，成功便会随之而来。作为青少年，我们更要深刻理解其中的含义，成为一名谦虚者，不卑不亢，做一个使人尊敬的谦虚的人。

故事穿越

宋濂是明朝著名散文家、学者，自幼好学，不仅学识渊博，而且写得一手好文章，被明太祖朱元璋誉为“开国文臣之首”。

宋濂很爱读书，遇到不懂的地方就要刨根问底，因为他觉得自己懂的东西特别少。

一次，宋濂为了搞清一个问题，冒雪行走了几十里路，去请教已经不收学生的梦吉老师，但梦吉并不在家，于是没有弄明白这个问题。但是宋濂并不气馁，在几天后再次去拜访梦吉老师，但梦吉因为不再收学生，而没有接见他。由于天冷，宋濂和同伴儿都被冻得够呛，宋濂的脚趾也被冻伤了。可是宋濂并没有放弃学习知识的机会，于是第三次独自去拜访梦吉，但是不小心掉入了雪坑中，幸好被人救了出来。

当宋濂几乎晕倒在梦吉家门口的时候，老师终于被他的诚心所动，耐心解答了宋濂的问题。

后来，宋濂为了求得更多的知识，不畏艰难困苦，又拜访了许多老师，最终成为著名的散文家。

故事微语

在知识面前，每个人都是渺小的，每个人需要学习的东西都数不胜数，越是懂得的多，越觉得需要学习的东西多，越能感到自己的渺小和无知，越能鞭策着自己继续努力地学习，这样才可以超越自己。

在知识的王国里，每个人都应该不分年龄大小，活到老，学到老。我们无论做什么事或学什么东西，只要肯努力付出汗水，就一定能得到丰厚的回报。只有学习，才能进步。人只有不断地学习，才能提高自身的素质，充实自己，完善自己。

心灵箴言

学然后知不足，教然后知困。知不足，然后能自反也；知困，然后能自强也。

——孔子

骐骥一跃，不能十步；驽马十驾，功在不舍；锲而舍之，朽木不折；锲而不舍，金石可镂。

——荀子

古今中外有学问的人，有成就的人，总是十分注意积累的。知识就是机积累起来的，经验也是积累起来的。我们对什么事情都不应该像“过眼云烟”。

——邓拓

第五篇

培养美德，用最谦逊的方式理解生活

人们把谦逊视作为一切美德的皇冠，因为它可以把纪律、天职、义务以及意志等和谐地融会到一起。

谦逊是迈向理想生活的必然途径。你应当正确看待自己，冷静地评估自己，在未来的道路上，你越是谦逊，你身上表现出来的耐人寻味的东西就会越多。凡是能够谦逊地估计自己的人，在掌握知识后都会获得很大的成就。

做一个坦率的谦虚者

故事话题

孙叔敖加官为楚国政府部门的长官，全国的官员和百姓都来道贺。但只有一个老人，穿着粗布衣服，戴着白色的帽子，最后来到孙府。他不是前来祝贺孙叔敖的，而是前来吊唁的。

孙叔敖并没有怪罪他，反而非常礼貌地出去接待，对他说：“楚王不知道我无德无才，是个没有才干的人，让我担当政府的长官，使官员和百姓都来道贺，而您独来吊唁，难道有什么说法吗？”

老人说：“当然有说法。身份如果很高贵但对人态度骄横的，百姓会除掉他；官位如果很尊贵但擅揽大权的，国君厌恶他；俸禄如果很丰厚但还不知足的，是不能长久的。”

孙叔敖再次拜谢老人说：“敬受命，希望能听到您更多的教诲。”

老人说：“官位越高越应该没有架子，官职越大越应该小心，俸禄越丰厚越应该谨慎地不敢多拿。你能严谨地遵守这三条，足可以使楚国大治了。”

孙叔敖因为谦恭地对待老人，无意之中获得了三条宝贵的意见。

故事解析

一个坦率的谦虚者可以做到谦恭待人，避免让骄傲支配。由于骄傲，我们会在该同意的时候反对起来；由于骄傲，我们会错失劝告和帮助；由于骄傲，我们将失去很多朋友。

雷锋曾经说：“青春永远是美好的，可是真正的青春，只属于这些永远力争上游的人，永远忘我劳动的人，永远谦虚的人！”

谦虚是中华民族的传统美德。谦虚可以让我们永远把自己置于学习的地位，时刻发现别人身上的优点，从而加以学习。

故事穿越

有一个研究生分到一家企业里，成为这家企业里学历最高的一个人。有一天他到公司后面的小池塘去钓鱼，正好正、副所长在他的附近，也在钓鱼。

“听说他俩也就是本科毕业，有啥好聊的呢？”这么想着，他只是礼貌性地朝两人微微点了点头。

没过多久，正所长放下钓竿，伸了伸懒腰，从水面上飘到对面，上厕所去了。

研究生眼睛睁得都快掉下来了。“水上飘？不会吧？这可是一个池塘啊！”

正所长上完厕所回来的时候，和去的时候一样也是从水上飘回来了。

“怎么回事？”研究生因为刚才没去打招呼，现在又不好意思去问是什么原因，自己是研究生生呢！

过了一会儿，副所长也站起来，和正所长一样，迈步飘过水面上厕所了。

这下子研究生更加纳闷儿：“不会吧，到了一个江湖高手集中的地方？”

过了一会儿，研究生也内急了。这个池塘两边有围墙，要到对面厕所非得绕十分钟的路，而回单位又太远，怎么办？

研究生也不愿意去问两位所长，憋了半天后，于是也起身往水里跨，心想：“我就不信这本科生学历的人能过的水面，我研究生不能过！”

只听“扑通”一声，研究生栽到了水里。

两位所长赶紧将他救了出来，问他为什么要下水，他反问道：“为什么你们可以走过去而不掉进水里呢？”

两位所长相视一笑，正所长说：“这池塘里原来有两排木桩子，因为这两天下雨涨水，桩子正好淹没在水面下。我们俩都知道这木桩的位置，所以踩着桩子就过去。你不了解情况，为什么不问一声呢？”

故事微语

尊重有经验的人，可以少走很多弯路，做一个坦率的谦虚者才不会被现实撞得头破血流。故事里的研究生因为自高自大，遇到不懂的问题也羞于问，所以最后掉进水里了，如果他之前问一下有经验的人是绝对不会出现这种情况的。

我们要做一个坦率的谦虚者。知之为知之，不知为不知，不盲目地自高自大、自吹自擂。每个人身上都有我们不知道的知识，谦虚地向他人学习并不是一件丢人的事情，反而会让自己获得更多的尊重。

心灵箴言

虚已者进德之基。

——方孝孺

满盈者，不损何为？慎之！慎之！

——朱舜水

劳谦虚己，则附之者众；骄慢倨傲，则去之者多。

——葛洪

谦和是一条通向成功的温暖阶梯

故事话题

俄国 18 世纪伟大的寓言作家克雷洛夫，所著的寓言既多又好。有人称赞他的作品“一版销完又印一版，比谁的都印得多”。克雷洛夫却这样回答：“不，不是我的书写得好，是因为我的书是给孩子们读的，谁都知道，孩子们是容易弄坏书的，所以版次多一些。”

古希腊著名的哲学家苏格拉底，不但才华横溢，写过很多著作，而且广招门生，运用著名的故事启迪学生们的智慧。每当人们称赞他学识渊博、智慧超群的时候，他总谦逊地说：“我唯一知道的就是我自己的无知。”

被人们称为“力学之父”的牛顿一生之中取得了很多伟大成就，不仅发现了万有引力定律，还在热学上确定了冷却定律。在数学上，他提出了“流数法”，建立了二项定理，和莱布尼兹同时创立了微积分学，开辟了数学上的一个新纪元。他是一位有多方面成就的伟大科学家，然而他非常谦逊。对于自己的成就，他谦虚地说：“如果我见的比笛卡尔要远一点儿，那是因为我站在巨人的肩上的缘故。”

贝多芬是著名的音乐家，却谦虚地说自己“只学会了几个音符”。

科学巨匠爱因斯坦称自己“真像小孩儿一样幼稚”。

故事解析

谦和是一种力量，愤愤不平的廉颇，纵然百般使蔺相如难堪，甚至扬言“我见相如必辱之”，蔺相如却以大局为重，隐忍谦和，“闻之，不肯与会，相如每朝时，常称病，不欲与廉颇争列”。舍人不明白这是什么意思，纷纷辞别，蔺相如这才解释：“顾吾念之，强秦之所以不敢加兵于赵者，徒以吾两人在也，今两虎争斗，其势不俱生，吾所以为此者，以先国家之急而后私仇也。”廉颇听到后，向相如负荆请罪了，谦和终于战胜了愤愤不平。

古人说：“天不言自高，地不言自厚。”越是成熟饱满的谷子，越是低下头。谦和是中华民族的传统美德，自古如此，现在亦然，谦和在现代社会中的地位仍是无可取代的。学校里，谦和可以让你和老师、同学的关系更加融洽；企业里，谦和可以缩短人与人之间的距离，谦和的人总是比那些盛气凌人的人更能赢得人心；工作中，谦和的微笑总是能给你带来好运气，让你在面试时顺利通过，和同事处理好关系。

故事穿越

2008年，美国总统大选竞争十分激烈，两大党派针锋相对，奥巴马和麦凯恩被推到了风口浪尖。

当两个候选人争得热火朝天时，有一部分人却在想方设法地找可以让奥巴马颜面扫地的故事，欲让他败在自己过去不良的行为上。

可是，奥巴马在生活中谦虚谨慎，工作中也公正称职，身边所有的人都爱戴他，他已经赢得了很多公民的支持，没有人站出来戳他的脊梁骨。于是他们只好在奥巴马的一次违章停车上做起了文章，指责他不是个奉公守法的好公民，怎么能担起一国之重负？

此时，诺贝尔奖的获得者贝克教授站出来说："多数情形，人们犯规甚至犯法，并不是因为当事人很坏，是个坏蛋。相反，那完全是理性选择的结果。"

贝克教授用自己的权威成功帮奥巴马解了围，这让奥巴马十分意外，因为他完全不认识贝克教授。接着，贝克教授对媒体讲了个故事：一天奥巴马去纽约市主持一个会议，因为堵车眼看就要迟到了，和他同时到达停车场的是个老人，他们几乎同时看到了这唯一的车位。

老人说："年轻人，你的工作更重要，你先停吧。"奥巴马却将车退了出来，做了个手势让老人停进去，"我没有什么重要的事情，还是您先吧。"所以为了开会不迟到，奥巴马就只有将车停在了停车场的外面并接受罚单。需说明的是，这个老人就是贝克教授。

故事微语

如果奥巴马毫不谦虚地认为自己的工作是最重要的，而去争夺这唯一的车位，那他就永远也得不到贝克教授的声援。平时养成谦虚谨慎的习惯，也许在不经意中，这就会成为帮助我们成功的基石。

谦和——谦恭平和，宁静温柔，似夜空中高悬的那一轮明月。谦和忍让，可以修身养性、超越自我。善待自己，宽待他人，随遇而安，可使烦恼如风卷残云般飘逝，心如晴空朗月，过美好生活。

谦和是一种心境，待人谦虚者能得到到更多的鲜花；谦和是一种修养，时时谦和者会得到更多的赞许；谦和是一种智慧，懂得谦和者必定会更加完美地处理好人际关系。“满招损，谦受益”，人生的道路并非坦途，如果时刻保持平和谦逊的态度，就能坐拥成功。

心灵箴言

恭敬，礼也；谦和，乐也；谨慎，利也；斗怒，害也。

——荀况

谦和的态度常会使别人难以拒绝你的要求。这也是一个人无往不胜的要诀。

——[日] 松下幸之助

大智者必谦和，大善者必宽容。唯有小智者才咄咄逼人，小善者才会斤斤计较。

——周国平

谦逊的道德之花应该开放

故事话题

汉文帝是汉高祖的庶子，被封为代王。他为人仁慈宽厚，吕后企图残暴篡权而死以后，朝中大臣纷纷拥戴文帝继位。

一天，汉文帝上殿，各大臣一一叩见之后，汉文帝没有看到丞相陈平，于是问道："丞相陈平为何不来？"

这时候，太尉周勃站出来说道："丞相陈平正在生病，体力不支，不能叩见皇上，请皇上原谅。"

退朝后，文帝便到后宫换上家常便服，到宰相家去探病。

陈平在家躺着正在看书，看到汉文帝到来慌忙起身行礼。汉文帝急忙扶他起来，说："不敢，朕视卿为父亲，以后除了在朝廷上，其他场合一律免除君臣之礼。今天听太尉说你病了，特地前来探望，不知是否请过御医诊视？你年岁大了，有病可不要耽搁呀！"

文帝如此关心他，使陈平非常感动。他觉得不能再隐瞒下去了，对文帝讲了心里话："高祖在时，周勃的功劳不如我。诛灭诸吕时，我的功劳不如太尉。所以我想把丞相之位让给太尉，但是太尉不肯，我便装病不朝，以使皇帝有理由任命太尉为丞相。"

听了陈平的解释，文帝便任命周勃为右丞相，位居第一，任陈平为左丞相，位居第二。

一天上朝时，文帝问右丞相周勃："现在一天的时间里，全国被判刑的有多少人？"周勃说不知道。文帝又问："全国一年的钱粮有多少，收人有多少？支出有多少？"周勃还是答不上来，因此他感到十分难堪。

文帝看周勃答不出来，就问左丞相陈平："陈丞相，那你说呢？"陈平不慌不忙地说："您要想了解这些情况，我可以给您找来掌管这些事的人。"

文帝问："那么谁负责管理这些事呢？"

陈平回答："陛下要问被判刑的人数，我可以去找廷尉，要问钱粮的出入，我可以找治粟内史，他们会告诉您详细的数字。”

文帝有些不高兴，脸色一沉，说道：“既然什么事都各有主管，那么丞相应该管什么呢？”

陈平不假思索地回答：“每个人的能力是有限的，不能事无巨细，事必躬亲。丞相的职责上能辅佐皇帝，下能调理万事，对外能镇抚四夷、诸侯，对内能安定百姓。丞相还要管理大臣，使每个大臣能尽到自己的责任。”陈平的回答有条不紊，文帝听后觉得有道理，连连点头，露出满意的笑容。

此时，周勃如释重负，认为陈平能言善辩，辅政有方，而自己是个武夫，才干在陈平之下。他想，自己虽说平定诸吕有功，但是辅佐皇帝、处理国政方面的才能比陈平可差远了，为了国家百姓着想，还是陈平做丞相最合适。于是周勃也假称有病，向文帝提出辞呈。

汉文帝非常理解周勃的心情，批准了周勃的辞呈，任命陈平为丞相。陈平从此辅佐文帝，励精图治，促成了汉朝中兴。陈平和周勃这两位老臣，都是汉朝的开国元老，却可以做到“虚己盈人”，互让相位，实在是大汉的幸事。

故事解析

做人境界之高低，一般会体现在处理矛盾的方法上，有的人善于化解矛盾，有的人善于激化矛盾。前者自然比后者高明得多。

只有以谦逊的态度待人，才能化干戈为玉帛。汉文帝谦逊待人，臣子称病便亲自去探视，陈平、周勃同样谦逊待人，认为对方比自己对国家的贡献大。我们不是应该向他们学习吗？只有以谦逊的态度才能获得别人内心深处的尊敬，获得真正的友谊。

谦逊是一种美德，是一种难能可贵的品德。我们每个人都要塑造一种“虚怀若谷”的品质，都要有一种“谦虚谨慎、戒骄戒躁”的精神。用我们有限的生命时间去汲取更多更多的知识。

故事穿越

贝罗尼是十九世纪法国的著名画家，有一次他到瑞士去度假，但是每天仍然背着画架到各地去作画。

有一天，他正在日内瓦湖边专心画画儿，旁边来了三个英国女游客，看了看他的画，便在一旁指手画脚地批评起来，一个说这儿画的不好，一个说那儿画的不对，贝罗尼都一一修改过来，最后还跟她们说了声谢谢。

第二天，贝罗尼有事到另一个地方去，在车站看到昨天那三个英国游客，不知在讨论些什么。

过了一会儿，那三个游客看到他了，便朝他走过来，问他：“先生，我们听说大画家贝罗尼正在这儿度假，所以特地来拜访他。请问你知不知道他现在在什么地方？”贝罗尼朝她们微微弯腰，答道：“不敢当，我就是贝罗尼。”三个游客大吃一惊，想起前一天的不礼貌，都红着脸跑掉了。

故事微语

谦逊，不仅应成为一种做人的态度，也应该成为一种做人的原则，所谓“谦谦君子，温润如玉”。在《易经》六十四卦里，再吉的卦也有不吉的爻，唯有“谦”卦六爻皆吉，这是什么原因呢？《易传》《谦象》对此有一个精妙的阐释：“谦，尊而光，卑而不可逾。”把“卑而不可逾”译成一句白话，那就是：谦虚，是不可战胜的。

贝罗尼虚心接受别人提出的关系自己画作上的“批评”，这种谦虚来源于深刻的自信。懂得谦虚是一个人成熟的表现，自信与谦虚正是这种辩证的统一。凡是对人类发展做出巨大贡献的人都拥有谦虚这个美德，IBM总裁送给他儿子的座右铭是：“心灵像上帝，行动如乞丐。”心灵要永远高傲地面对一切，但行动上要像乞丐一样，这有助于给我们的人生增加幸福与成功的机会，正如“宽阔的河流平静，学识渊博的人谦虚。”

心灵箴言

人生大病，只是一“傲”字。

——王阳明

人生大病，只是一“傲”字。

——王阳明

谦逊不仅是一种装饰品，也是美德的护卫。

——[美] 爱迪生

退一步，不是懦弱和退缩的代名词

故事话题

有两户人家，王姓人家经常吵架，陈姓人家却是相安无事、其乐融融。

王家的人因此问陈家的人：“是什么原因使你的家里能不发生争吵？”

陈家的人回答：“因为你们家都是好人，所以吵架；我们家人都是坏人，因而不吵架。”

王家的人还是不明白，于是继续问：“为什么好人却吵架，坏人却不吵架呢？”

陈家的人回答：“举个例子说：桌上放了一个茶杯，如果你们家有人打破了，他不承认自己的错误，反而会责备放茶杯的人；同样，放茶杯的人也说：‘茶杯是我放的，谁让你打破了？’全家人都要做好人，都不承认自己错误，因此就争吵不休了。而我们家的人则是自愿做坏人，打破的人立刻就说：‘对不起！对不起！是我不小心将茶杯打破了，’放茶杯的人也会说：‘不能怪你，是我不应该将茶杯放在桌上。’如此一来，我们家的每个人都愿意承认自己的错误，所以也就不吵架。”

王家的人于是恍然大悟，按照陈家的方法继续过日子，果然没有再吵过架。

故事解析

人是群居的动物，在家庭里有父母和亲戚，学校里有老师和同学，工作上有上级和同事，就连走在马路上也会和无数人擦肩而过，所以不管你走到哪里，也离不开人群。在与人相处的时候，如能做到你对我错，你大我小，你有我无，你是我非，那么便可解决很多的麻烦与问题。

退一步海阔天空，或许在很多人看来是非常难做到的，实际上，只要你去实践，就能发现其中蕴藏了许多微妙的道理，而在与人相处中，关系也会变得更融洽。

人生的旅途上，不一定每一步都必须是向前走的。凡事退一步，不但可以留给别人一点儿余地，也是对自己的一种修行，既可以获得别人的尊重，还能互相信任。

我的错

故事穿越

周家和何家是隔壁，多年以来一直互帮互助，彼此就像亲人一样和睦。

他们的房子紧紧相连，中间只有不到 5 米的间距。某天周家在把房子重建的时候，把施工材料堆在了邻居家的门口。

邻居的小孩儿出入不是很方便就骂道：“你家建造房子和我家有什么关系，凭什么堆我家门口。”

周家的小孩儿就说：“我就把施工材料放在你家，你管得着吗。”然后周家和何家的两个小孩儿就开始打架。

很快，两个小孩儿打架的消息传到了家长们的耳中，然后两家的大人也因为孩子而相互指责对方，甚至大打出手，最后还是在村民的劝阻中停手了，但是原本感情很和睦的两家人从此再也不来往了。

故事微语

退一步是人生的智慧，俗话说：你敬我一尺，我敬你一丈。如果两个人斤斤计较一点点得失，必然会闹得不愉快。退一步不是懦弱，也不是退缩，而是人和人之间的尊重，只有人与人之间相互尊重了，才能和谐相处。

幸福就像一只美丽的蝴蝶，我们总是以为它一直在前方飞着，就拼命

追赶，但蝴蝶也有可能就在我们身后，退一步，也许它恰好就停落在你肩头；人生就像一个巨大的迷宫，当我们身陷迷茫、不知所措时，不要只顾奋力向前，退一步，也许恰好遇到出口的光亮。

心灵箴言

人生因礼让而美好。

——佚名

谦逊可以使一个战士更美丽。

——佚名

伟大的人是决不会滥用他们的优点的，他们看出他们超过别人的地方，并且意识到这一点，然而决不会因此就不谦虚。他们的过人之处越多，他们越认识到他们的不足。

——[法] 卢梭

谦逊者最能体味“静水流深”

故事话题

爱因斯坦是一位声名赫赫的物理学家，深受人们的爱戴。在纽约河滨教堂所设的世界最伟大的学者的塑像中，爱因斯坦是唯一在世的人。但他并没有因此而骄傲，始终保持着谦逊的品质。

他对别人把他当成偶像感到不能理解，也十分厌恶报刊上的宣传和赞扬，尤其是那些记者、画师、雕塑师来找他拍照、画像或者塑像，使他更加难以忍受，他说他简直成了这些人的模特儿了。

爱因斯坦从不认为自己多么厉害。他清楚地知道，自己所走的道路是前人走过的道路的延伸，科学的新时代是在前辈基础上开辟的，因此他总是抱着敬仰和感激的心赞赏前辈的贡献。他知道，在科学的道路上有许许多多人在共同奋斗，每个人都有每个人的工作，每个人都有每个人的贡献，因此他对同行非常尊重。就是对自己的下属和学生，爱因斯坦也从没表现出任何傲慢，凡是和他接触过的人，都被他的和蔼可亲与平等待人的态度而感动。他还为成功总结了一个公式：$a=x+y+z$，其中 a 代表成功，x 代表艰苦的劳动，y 代表正确的方法，z 代表少说空话。他不认为自己是天才，而是一个真理的忠实而勤勉的追求者。

故事解析

“谦逊者常思己过，骄傲者常说人短”，这句话说的是谦逊的人总是能够严于律己，宽以待人，而傲慢的人则恰恰相反，常常议论他人的是非，不懂得反省自己。爱因斯坦是一个谦逊的人，称自己只是一个“真理的忠实而勤勉的追求者”。他在取得那么多的成绩之后依然谦逊、不骄傲。

谦逊，自古以来一直都

是许多文人、智者所追求的最高境界。人称“三苏”之一的苏轼就曾说过：“大智若愚。”这里的“愚”字，则有一定的谦逊之意。事实也是如此，一切真正伟大的东西，都是纯朴而谦逊的！

我们在平时学习和生活中也要时刻保持谦逊的态度，取得任何成绩也不骄傲，努力做一个受别人敬仰的“谦逊者”。

故事穿越

石奋是西汉大臣，在孝景帝晚年的时候回家养老，每年定期作为大臣参加朝会。每次在经过皇宫的门楼时，石奋一定会下车快速前行。看见皇帝的车驾也一定俯身按着车前的横木表示敬意。

石奋的小儿子石庆担任内史，有一次醉后乘车回家，进大门也不下车，石奋听说后十分生气，然后就不吃饭了。石庆知道后很惶恐，光着上身向他的父亲去诚心请罪，石奋仍不肯原谅他。后来，整个石氏家族中人均光着上身向石奋请罪。

石奋十分气愤地说："内史乃是贵人。进闾里不下车，这里的长老都必须快跑，躲避你的车队。而内史若无其事地安坐车中，进入了我的家门又不下车，这算什么！”

大家于是再三请罪，石奋这才原谅了石庆。从此以后，石家的子弟们刚进里门就都下车步行回家，再也没有进大门而不下车的现象发生。

故事微语

谦逊是一种高深的道德修养，谦逊的人最能体味“静水流深”，也只有谦逊的人才能博得大家的好感和友谊。真正的谦虚不需要表面上的点头哈腰，也不是嘴上的唯唯诺诺，更不是一味地自贬自低。真正的谦虚是发自内心地认真对待每一件或许看起来不起眼儿和容易的事情，是发自内心地尊重每一个人。

谦逊的人是拥有大智慧的人，他懂得与人为善，懂得给人尊重，懂得设身处地地为他人着想，不仗势欺人，不自吹自擂。这样的人怎么可能不被人尊重和爱戴呢？

心灵箴言

不谦虚的话只能有这个辩解，即缺少谦虚就是缺少见识。

——[美] 富兰克林

成功的第一个条件是真正的虚心，对自己的一切敝帚自珍的成见，只要看出同真理冲突，都愿意放弃。

——[英] 斯宾塞

不管我们的成绩有多么大，我们仍然应该清醒地估计敌人的力量，提高警惕，决不容许在自己的队伍中有骄傲自大、安然自得和疏忽大意的情绪。

——[苏联] 斯大林

心灵榜样微史话

洪迈

洪迈（1123—1202），南宋饶州鄱阳人，字景卢，号容斋。南宋著名文学家。洪迈学识渊博，著书极多，文集《野处类稿》、志怪笔记小说《夷坚志》，编纂的《万首唐人绝句》、笔记《容斋随笔》等，都是流传至今的名作。

作为一个勤奋博学的士大夫，洪迈一生涉猎了大量的书籍，并养成了作笔记的习惯。读书之际，每有心得，便随手记下来，集四十余年的成果，形成了《容斋随笔》五集，凡七十四卷。洪迈曾经在取得一点儿成绩后自我夸耀可以与苏东坡媲美，后经人指点，变得谦虚谨慎，终成栋梁。

徐达

徐达（1332—1385），明朝开国军事统帅。字天德，濠州钟离人。开始朱元璋为郭子兴部将，往归之。从南略定远，取和州。渡江攻城拔寨，皆为军锋之冠，后为大将，统兵征战。吴元年，为左相国，拜大将军。洪武初累官中书右丞相，封魏国公，追封中山王。

徐达“以智勇之资，负柱石之任”，为明朝的开创立下了盖世之功。尽管劳苦功高、地位显赫，但徐达依然谦虚处世，从不居功自傲。每次“功成而还，拜上印绶，待命于家，略无几微矜伐之色”。尤其难能可贵的是，徐达能摆脱乡土观念的羁绊，不和同乡拉帮结派，没有卷进淮西集团的是非之争。

梭罗

亨利·戴维·梭罗（1817—1862），美国作家、哲学家，超验主义代表人物，也是一位废奴主义及自然主义者，有无政府主义倾向，曾任职土地勘测员。毕业于哈佛大学，曾协助爱默生编辑评论季刊《日冕》。写有许多政论，反对美国与墨西哥的战争，一生支持废奴运动。其思想深受爱默生影响，提倡回归本心，亲近自然。

1845 年，在距离康科德两英里的瓦尔登湖畔隐居两年，自耕自食，体验简朴和接近自然的生活，以此为题材写成的长篇散文《瓦尔登湖》(1854 年)，成为超验主义经典作品。梭罗才华横溢，一生共创作了二十多部一流的散文集，被称为自然随笔的创始者，其文简练有力，朴实自然，富有思想性，在美国 19 世纪散文中独树一帜。《瓦尔登湖》在美国文学中被公认为是最受读者欢迎的非虚构作品。

贾植芳

贾植芳（1915—2008），著名作家、翻译家、学者，“七月派”重要作家，比较文学学科奠基人之一。曾赴日本东京大学学习，早年主要从事文艺创作和翻译。曾任《时事新报》、文艺周刊《青光》主编。新中国成立后，历任震旦大学中文系主任，复旦大学教授、图书馆馆长，中国比较文学学会第一届副会长，上海比较文学研究会第一届会长。专于中国现代文学和比较文学。著有《近代中国经济社会》、《贾植芳小说选》、《外来思潮和理论对中国现代文学影响》，译有《俄国文研究》等。

贾植芳一生历经坎坷，在回忆岁月的种种的时候，得出有所为有所不为的结论，这何尝不是他能享誉海内外的选决条件呢？

克林顿

威廉·杰斐逊·克林顿，美国律师、政治家，美国民主党成员，曾任阿肯色州州长和第 42 任美国总统。克林顿基金会主席。1946 年 8 月 19 日生于美国阿肯色州霍普镇。1970 年，考入美国耶鲁大学法学院，1973 年毕业，获法学博士学位，同年到阿肯色州州立大学担任教授。1976 年，克林顿出任阿肯色州司法部长，1978 年至 1980 年任阿肯色州州长，1982 年至 1992 年又连续 5 次担任州长。1990 年，克林顿被选为民主党最高委员会主席。1992 年 11 月 3 日，克林顿当选美国总统，1996 年 11 月再次当选。在克林顿的执政下，美国经历了历史上和平时期持续时间最长的一次经济发展。

克林顿谦逊、友善，愿意为了满足一个孩子的要求用自己的三张签名换足球明星的一张签名。在美国在线于 2005 年举办的票选活动“最伟大的美国人”中，克林顿被选为美国最伟大的人物第 7 位。

梅兰芳

梅兰芳（1894—1961），名澜，又名鹤鸣，乳名裙姊，字畹华，别署缀玉轩主人，艺名兰芳。清光绪二十年出生于北京的一个梨园世家。他 8 岁学艺，11 岁登台。梅兰芳是近代杰出的京昆旦行演员，“四大名旦”之首，“梅派”艺术创始人；也是享有国际盛誉的表演艺术大师，其表演被推为“世界三大表演体系”之一。

在西方人的眼中，梅兰芳就是京剧的代名词，他的代表剧目有《贵妃醉酒》、《霸王别姬》等；昆曲有《游园惊梦》、《断桥》等。所著论文编为《梅兰芳文集》，演出剧目编为《梅兰芳演出剧本选集》。梅兰芳在取得这些巨大成就以后，依然谦虚地向齐白石先生等人学习，努力提高和完善自己。

童第周

童第周（1902—1979），浙江鄞县人，是享誉海内外的卓越的生物学家、教育家，中共党员。生前曾担任过中国科学院副院长、动物研究所所长。1927 年毕业于复旦大学哲学系，1927 年至 1930 年任国立第四中山大学自然科学院生物系助教，后长期在山东大学任教，1951 年任山东大学副校长。他是卓越的实验胚胎学家，中国实验胚胎学的主要奠基人，20 世纪生物科学研究的杰出领导者。1978 年，在全国科学大会上，被授予全国科学技术先进工作者称号。

童第周在学问面前表现出强烈的渴求，在国外留学期间，依然抱着一定要为国争光的态度，努力学习，刻苦钻研，终于取得了巨大的成就。

孔子

孔子（前 551—前 479），名丘，字仲尼。春秋末期鲁国陬邑人，祖籍为宋国贵族。儒家学派的创始人，中国古代的思想家及上古文化之集大成者，在世时已被誉为“天纵之圣”、“天之木铎”，是当时社会上

最博学者之一，被后世统治者尊为孔圣人、至圣、至圣先师、万世师表、文宣皇帝、文宣王，是“世界十大文化名人”之首。孔子的儒家思想对中国、儒家文化圈及世界都有深远的影响，世界各地都有孔庙祭祀孔子。

孔子以好学著称，对于各种知识都表现出浓厚的兴趣，因此他多才多艺，知识渊博，在当时是出了名的，几乎被当成无所不知的圣人，但孔子自己不这样认为，孔子曰：“若圣与仁，则吾岂敢？抑为之不厌，诲人不倦。”孔子学无常师，谁有知识，谁那里有他所不知道的东西，他就拜谁为师，因此说“三人行，必有我师焉，择其善者而从之，其不善者而改之”。

罗蒙诺索夫

米哈伊尔·瓦西里耶维奇·罗蒙诺索夫（1711—1765），俄国百科全书式的科学家、语言学家、哲学家和诗人，被誉为俄国科学史上的彼得大帝。出生于阿尔汉格尔斯克一个渔民家庭。冒充贵族的儿子考入斯拉夫·希腊·拉丁学院。1736 年因学习优异被选送到德国留学 5 年。后来还成为瑞典科学院院士和意大利波伦亚科学院院士。1748 年秋他按照自己的计划创建了俄国第一个化学实验室。1755 年创办了俄国第一所大学——莫斯科大学。

罗蒙诺索夫向所有可以帮助自己学习的人学习，无论这个人的学问多少、年龄大小，这是他成功的主要原因之一。

爱因斯坦

阿尔伯特·爱因斯坦（1879—1955），德国物理学家，相对论的奠基者，20 世纪两大最重要的物理学家之一。爱因斯坦为核能开发奠定了理论基础，在现代科学技术和他的深刻影响下，开创了现代科学新纪元，被公认为是继伽利略、牛顿以来最伟大的物理学家。1999 年 12 月 26 日，爱因斯坦被美国《时代周刊》评选为“世纪伟人”。

爱因斯坦生前不要虚荣，死后更不要哀荣。他留下遗嘱，要求不发讣告，不举行葬礼。他把自己的大脑供给医学研究，身体火葬焚化，骨灰秘密地撒在不让人知道的河里，没有坟墓，也不想立碑。在把他的遗体送到火葬场火化的时候，随行的只有他最亲近的 12 个人，其他人对于火化的时间和地点都不知道。

心灵修养用语微解

自谦：自我谦逊；自足；心安理得。自谦就是“以阳居阴，不自盈大”。古人对自谦内涵的诠释始终贯穿着阴阳之对立与统一中。

骄傲：自以为了不起，看不起别人，骄傲自满。“骄”指马背拱起，不让陌生人骑。“傲”指人昂首抬头的样子，引申指居高临下的态度。

信仰：对某种主张、主义、宗教或某人极其相信和尊敬。《法苑珠林》卷九四：“生无信仰心，恒被他笑具。”周恩来《抗战军队的政治工作》：“要以耐心说服诱导的精神，争取官兵和人民的信仰，团结他们在革命主义与政纲的领导下而坚决奋斗。”巴金《小人、大人、长官》：“对长官的信仰由来已久。多少人把希望寄托在包青天的身上，创造出种种离奇的传说。”

夸奖：赞美，称赞。夸奖不同的人有不同的方法，因为人与人的身份、性格各不相同，一部分人喜欢听到的话，在另一部分人听来，可能就很反感。冯梦龙《东周列国志》第七十一回：“鲁侯饮酒毕，取桃一枚食子，甘美非常，夸奖不已。”

志气：指求上进的决心和勇气，要求做成某件事的气概。古语评论“志”的重要性：“三军可夺帅也，匹夫不可夺其志也。”不甘落后，力求达到一定目的的决心和勇气，是有理想、有信心的表现。有志气的人，往往奋斗目标明确，意志坚定，不怕各种困难。越是在困难落后的条件下，越是能显示志气的精神、力量。

妄自尊大：妄：过分地；自：自己；尊：高贵；大：夸大。形容人狂妄地夸大自己，以为自己了不起，轻视别人，实际上并不是那样。范晔《后汉书·马援传》：“子阳井底蛙耳，而妄自尊大，不如专意东方。”

低调：表示一种谦虚谨慎的态度，不张扬。低调是隐藏自己的能力不显示出来。低调在字义上的反义词是高调，在喻意上的反义词是嚣张。

微笑：是人类最基本的表情。微笑，似蓓蕾初绽。真诚和善良，在微笑中洋溢着感人肺腑的芳香。微笑的风采，包含着丰富的内涵。它是一种激发想象力和启迪智慧的力量。在顺境中，微笑是对成功的嘉奖。在逆境中，微笑是对创伤的理疗，微笑是勇敢的奠基石。

自知之明：对自己的优点和缺点都有透彻的了解。指了解自己的情况，对自己有正确的估计。《韩非子》：“楚庄王欲伐越，庄子谏曰：‘王之伐越何也？’曰：‘政乱兵弱。’庄子曰：‘臣患智之如目也，能见百步之外而不能自见其睫。王之兵自败于秦、晋，丧地数百里，此兵之弱也。楚蹻为盗于境内，而吏不能禁，此政之乱也。王之弱乱非越王之下也，而欲伐越，此智之如目也。’王乃止。故知之难，不在见人，在自见。故曰：‘自见之谓明。’

平凡：指平常、普通。宋朱熹《斋居感兴诗》序：“欲效其体，作十数篇，顾以思致平凡，笔力萎弱，竟不能就。”宋叶适《除吏部侍郎谢表》：“虽励平凡之操，曷酬卓异之知。”明宋濂《题七才子图》：“文播虽亦画七才子，其运思平凡，乌足以敌是哉！”冰心《寄小读者》十七：“没有蒲公英，显不出雏菊；没有平凡，显不出超绝。”秦牧《艺海拾贝·惠能和尚的偈语》：“由于它是抓住了‘伟大寓于平凡之中’这一真理的，可以说历久不磨。”

谦虚：谦虚指不自满，肯接受批评，并虚心向人请教。有真才实学的人往往虚怀若谷，谦虚谨慎；而不学无术、一知半解的人，却常常骄傲自大，自以为是，好为人师。谦虚是一种美德，是进取和成功的必要前提。

智慧：是高等生物所具有的基于神经器官一种高级的综合能力。智慧让人可以深刻地理解人、事、物、社会、宇宙、现状、过去、将来，拥有思考、分析、探求真理的能力。与智力不同，智慧表示智力器官的终极功能，与“形而上谓之道”有异曲同工之处，智力是“形而下谓之器”。智慧使我们做出导致成功的决策，有智慧的人称为智者。

谦逊：不自大或不虚夸；谦虚，不高傲，认为自己所做的或者所达到的水平与别人比着还是很一般的。例句：他十分谦逊，不爱出风头。

懦弱：亦作“愞弱”，柔弱、软弱。《左传·昭公二十年》：“夫火烈，民望而畏之，故鲜死焉；水懦弱，民狎而翫之，则多死焉。”《后汉书·刘玄传》：“更始即帝位，南面立，朝羣臣。素懦弱，羞愧流汗，举手不能言。”《晋书·李特载记》：“滕密上表，以为流人刚剽而蜀人愞弱，客主不能相制，必为乱阶，宜使移还其本。”《三国演义》第七回：“今董卓专权，天子懦弱，海内大乱，各霸一方。”